JN265474

The ORION NEBULA

オリオン星雲

―星が生まれるところ

C・ロバート・オデール 著
土井ひとみ 訳
土井隆雄 監修

恒星社厚生閣

THE ORION NEBULA : Where Stars Are Born
Copyright © 2003 by the President and Fellows of Harvard College
Japanese translation rights arranged with Robert O'Dell
through Japan UNI Agency, Inc.

日本語版へよせて

　本書が英語で出版されてから10年近くの間に，オリオン星雲の研究は一段と進み深まってきている．このほど日本語で翻訳出版できることになり，私たちの銀河系の中でもとりわけすばらしい，だがいまだに謎に満ちている天体について最先端の研究成果をお知らせする機会に恵まれた．さらに今回はテーマを広げて新たに書き加えたので，オリオン星雲の背景がわかりやすくなっているだろう．だが，日本語で出版できることで最も意義深いのは，天文に興味をもっている日本の読者の皆さんに読んで頂けることだ．

　私個人としてとりわけうれしかったのは，日本語版の準備を進めていく上で，土井隆雄・土井ひとみ両氏との絆を一段と深められたことだろう．最初に彼らに会ったのは，タカオが宇宙飛行士として最初のミッションを終えた直後だった．タカオは，そのときすでに宇宙工学で博士号をもっていたのだが，天文学を学ぶためにライス大学の博士課程に入学してきた．宇宙飛行士としての訓練や仕事をフルタイムでこなすかたわら，ライス大学の通常の授業を受け試験に臨んでいた．彼の学位論文は，オリオン星雲内部の動きを決定する上で信頼性が高く，ユニークで重要なものとなっている．ヒトミもまた同じように天文に情熱をもち，2人で光害のないテキサス州の大草原の真ん中に天文台を建て，私も訪れたことがある．我々は3人でアリゾナやチリにある世界的な大型望遠鏡を使って，一緒に観測をしてきた．

　ヒトミが英語版を翻訳し，率先して新しいテーマを追加しただけでなく，英語版にあった多くの間違いを見つけてくれたのはありがたいことだった．タカオは，この改訂版のために数々のアイディアを出し，さらにオリオン星雲の専門家として日本語版をすばらしいものとしてくれた．今は地球の反対側で暮らしてはいるが，彼ら親しい友と一緒に仕事ができたのは，この上ない喜びであった．

2011年7月

C・R・オデール

『オリオン星雲』によせて

　キットピーク天文台はアリゾナ州南部のインディアン居留地内にあるキットピーク山頂に位置している．山頂までの長い上り坂を登り詰めると，いくつもの真っ白いドームがそそり立つ．空気が急に澄んで，静寂さを帯びる．その昔，インディアン達が，キットピーク山を聖地と拝めたその理由を肌で感じることができる．

　巨大なマイヨール4m望遠鏡が静かに動き出す．ボブと私はオリオン星雲中心部の速度図を作るために望遠鏡操作室につめている．目の前の望遠鏡モニターにトラペジウムの星たちが入ってきた．星像が揺らめいているが，シーング（大気の乱れ）監視装置は現在のシーングが1秒角であることを示している．日本ではとても考えられない数値だ．トラペジウムと星雲が織りなす神秘的な光景に見とれていると，ボブの声が響いた．「タカオ，準備完了だ．さあ，観測を始めるぞ．」

　オリオン星雲中心部のスペクトル撮影が始まった．星雲のスペクトルを観察するとそのドップラー効果から星雲の視線方向速度が測定できるのだ．夜中を回った頃，故磯部琇三先生が尋ねてきてくれた．磯部先生は，地球接近天体の共同観測の打ち合わせでキットピーク天文台に来ていたのだ．皆でオリオン星雲談義に花が咲く．実は，私にオデール先生を紹介してくれたのは，磯部先生なのである．

　オリオン星雲の魅力が，土井ひとみ氏の訳で日本の読者の皆さんに紹介されるのは，すばらしいことであると思う．オリオン星雲の観測史，観測法から星の誕生の仕方，そしてハッブル宇宙望遠鏡による目を見張らされる写真まで，ボブが生涯をかけて追い続けてきたオリオン星雲の謎が次々と解き明かされていくのをみるのは，宝箱を開けていくようで胸がおどる．読者は，ボブと一緒に巨大な望遠鏡の中に坐って接眼鏡を覗き，フォン・ブラウン博士と宇宙開発の未来を論じ，ハッブル宇宙望遠鏡の完成に喜び，また反射鏡の問題が発見された時の悲胆を感じ，そして最後にすばらしいオリオン星雲の写真を満喫して

ほしい．本書『オリオン星雲』は，天文学者ボブ・オデール博士の自伝でもある．

ボブは，アメリカ合衆国イリノイ州の祖父の農場で生まれた．父親は化学工場に勤め，両親はボブたち兄弟にできる限りの教育を受けさせようとした．ボブは，天文学ばかりでなく，航空や宇宙工学にも造詣が深い．本文にあるようにアポロ計画を実現したフォン・ブラウン博士のもとで働いている．彼は，NASAがアポロ月ミッションの科学宇宙飛行士を募集したときに応募もしている．フォン・ブラウン博士は，私の尊敬するロケットエンジニアだ．ボブがフォン・ブラウン博士の弟子であるならば，私は孫弟子だなと，密かに自負している．

ボブは，アメリカ合衆国のアクロバット飛行チャンピオンでもある．一度，ボブがすごい話を披露してくれたことがある．それを，皆さんに紹介しよう．ボブは，アクロバットのひとつの技を習得しようと訓練飛行をしていた．急に機体がきりもみ状態になってしまい，ボブにはどうしても機体の体勢をもとに戻すことができなかった．ボブは，仕方がないので操縦席からはい出して，翼の上に出てパラシュートで脱出しようと試みた．翼の上にはい出したとき，なんと信じられないことに飛行機はきりもみ状態から自然の状態に戻ったのだ．彼は意を決して操縦席にはい戻り，無事，飛行機を安定させることができた．ボブのすごい所はこれからである．普通ならば，そんな死ぬような目に遭えば，今日は命拾いをしたと考えて，早く地上に戻ろうとするだろう．ところがなんと彼は，また上昇を始めたのだ．そして，さっき自分が失敗したアクロバットの技にもう一度挑戦したのである．私はこの話を聞いて，なぜもう一度そんな危ない技に挑戦しようとしたのかを聞かずにはいられなかった．ボブはこう答えた．「タカオ，もしあのときもう一度挑戦しなかったら，怖くなって，もう二度とあのアクロバットの技を習得することはできなかっただろう．」

本書『オリオン星雲』にあふれているのは，ボブのオリオン星雲によせる情熱とともに，新しいことに挑戦する勇気だ．失敗してもくじけずに，さらに前に進もうする勇気だ．皆さんに本書を読んで，人間ボブ・オデールを感じてほしい．

ボブと1998年から一緒に仕事を始める前に，私はSTS-87ミッションでス

ペースシャトルコロンビア号に乗り，宇宙に飛び出すことができた．宇宙での仕事が一段落した後，私たちは操縦席の灯りをすべて消して，宇宙から星空を眺めた．私の目に一番に飛び込んできたのは，オリオン座だった．スペースシャトル備え付けの双眼鏡を取り出して，私はオリオン星雲を見た．そこには，まったく瞬きをしない星たちが，オリオン星雲のほのかな輝きを神秘的に取り巻いていた．

2011 年 8 月

土井隆雄

はじめに

　遠い山の上で見る夜空ほど美しいものはない．とりわけオリオン座が支配する冬の空は格別だ．冬の星座はたくさんの物語にあふれているし，それになにより，そこには夜空で最も有名な天体の1つ，オリオン星雲があるのだから．
　60年以上も前，私はアマチュア天文家としてオリオンを見ていた．望遠鏡は，最初は部品を組みたてて作り，そのうち全くのゼロから自分で全部作ったものもある．そうやって望遠鏡と観測機器を作ることに人生を費やしてきた．だが望遠鏡や観測装置といったハードウェアは，宇宙の仕組みを深く学ぶための手段にすぎない．最初からオリオン星雲に魅せられていた私は，新しい優れた装置が開発されるたびに，当然のようにオリオンを狙った．オリオンの剣の中で光り輝く雲を調べるために使った，あの最初の小さな望遠鏡は，やがて世界最強の望遠鏡，ハワイのケック望遠鏡や，ハッブル宇宙望遠鏡へと移っていった．オリオン星雲は，いつだって新しい望遠鏡のために新しい発見を準備して私を待っていてくれた．
　本書の中で私は，天文学に興味をもっているけれど専門家ではない読者に，オリオン星雲について現在までにわかっていることを語りたいと思っている．だが，ただ美しいものとしてだけではなく，オリオン星雲の真の価値を理解するためには，ある程度の基本的な知識は必要になってくる．それは第1～7章と第9章で説明する．人類の歴史の上で夜空がどのようにとらえられ，理解されてきたかということを，先駆的な天文学者や天体物理学者の革命的考え方や，その考え方がどのように改良されてきたかということと関連づけて，簡単に説明していく．だがオリオン星雲という主題からはずれないようにするつもりだ．
　ハッブル宇宙望遠鏡のプロジェクト・サイエンティストとして，世界でも最も強力な望遠鏡を作り上げたことで，私は専門分野における先祖とでも呼ぶべき人たちとの間に，深いつながりを感じている．第10章で，ハッブル宇宙望遠鏡がどのようにして作られたかに関して，打ち上げ後に発見された欠陥がな

ぜ起こったかということも含めて，内輪の話を暴露しよう．第11章では，この革命的な望遠鏡が明らかにしてくれたオリオン星雲の新しい姿をお見せする．

　いうまでもなく，優れた望遠鏡を使えばそれだけ深く天体のことを理解できるようになる．オリオン星雲はただ単に美しいというだけではない，太陽や地球と同じような星や惑星がたくさん生まれてくる，太陽系から一番近い星のゆりかごなのだ．オリオン星雲の現在の姿を知るということは，50億年前の私たちの姿を見ていることにほかならないのだ．

The ORION NEBULA

iii 日本語版によせて
v 『オリオン星雲』によせて
ix はじめに

001 第1章 狩人を狩る

011 第2章 宇宙の姿

022 第3章 ヘンリー・ドレイパーと写真革命
    写真の発明 024
    オリオン星雲の最初の写真 025
    写真の功績 027

031 第4章 天文学者の道具箱
    科学的方法 032
    光学望遠鏡 034
    光をどのように使うのか？ 036
    検出器 038
    宇宙に周波数をあわせる 041
    手に望遠鏡ダコのない天文学者 043

046 第5章 快晴の夜の不透明な空
    高エネルギー放射を遮るバリア 046
    低エネルギー放射を遮るバリア 047
    大気の窓 048
    赤外域と紫外域にじわじわと進んでいく 049
    空の上からのすばらしい眺め 050

056 第6章 星はなぜ星なのだろう？
    巨大な数字をみてみよう 056
    まずは重力から 057
    大気がそこにある理由 059
    星をひとつにつなぐもの 060
    星を支えるもの 061
    燃料を燃やし尽くしたらどうなるか？ 063
    星の年齢 064

078 第7章 ベングト・ストレームグレンの球体
    バーナード，バッブル，銀河系内星雲 080
    銀河系内星雲の2つのタイプ 086
    原子の構造 086
    光を吸収してイオンを作る 088
    イオンを原子に戻す 088
    ネブリウムの秘密を解き明かす 089
    ベングト・ストレームグレンがすべてをひとつにまとめる 091

095　第 8 章　冒険者たちは帆を揚げる
　　　　　　パロマー天文台からの初期の観測結果　095
　　　　　　ストレームグレン星雲モデルの周転円　099
　　　　　　球ではなく, 面だった　101
　　　　　　オリオン星雲の三次元モデルを作る　103

109　第 9 章　星はどこからきたの？
　　　　　　牛の内部の状態　110
　　　　　　冷たい塊を, 熱い星にかえる　111
　　　　　　回転によって, ますます複雑さが増す　114
　　　　　　恒星, 褐色矮星, 惑星　115
　　　　　　小さい星の数, 大きい星の数　116

118　第 10 章　ハッブル宇宙望遠鏡
　　　　　　晴れ上がった空でも十分でない　118
　　　　　　大気の撹乱をだしぬく　120
　　　　　　ずっと以前からあった宇宙望遠鏡の構想　123
　　　　　　ハッブル建設時の内輪話　124
　　　　　　つまずき　130

138　第 11 章　オリオンの真の姿
　　　　　　ハッブル宇宙望遠鏡が発見したこと　142

149　第 12 章　オリオン星雲の中で何が起こっているか？
　　　　　　一体どれくらい前からこうなっているのか　150
　　　　　　褐色矮星と流浪惑星　151
　　　　　　オリオン領域, そこは隣人の多い大都会　154

162　第 13 章　地球外生命は存在するか？
　　　　　　他の星を回る惑星　165
　　　　　　オリオンの中での惑星形成　166
　　　　　　惑星が生まれる可能性　167
　　　　　　知的生命体はいるだろうか？　168

173　第 14 章　気まぐれな科学の女神をだしぬく
　　　　　　太陽系のモデル　175
　　　　　　オリオン星雲のモデル　176

179　訳者あとがき
181　索引

第 1 章

狩人を狩る

　星々の静けさと比べると，巨大な天体ドームの中のつぶやきは大きなうなり声のようだった．だがそのときの私は，そんなことを気にしてもいなかった．サンフランシスコ湾に近いリック天文台の 3 m 望遠鏡を使っている若き天文学者だった私は，晴れ上がった夜の完全な静寂の中で，一晩中目をさましていなくてはならないといういつもの苦行に直面していた．1963 年当時，巨大望遠鏡を操作するリモートコントロールはまだ開発されていなかった．そんなわけで私は，夜空にむいている望遠鏡の先端に腰掛けていたのだ．ドームのはしごからせまくるしい観測者用の檻に足を踏み出すとき高さに目がくらんでしまうので，望遠鏡によじのぼるのは暗闇の中が一番よかった．やがて，銀河系内の様々な天体を狙うといういつもの仕事が始まった．今夜のターゲットは惑星状星雲だ．この命名はどう考えても間違っている．惑星状星雲は太陽のような星が核燃料を使い果たして中心にむかって落ちこんでいくときに，拡散していく外側の層で，惑星とはまったく関係がない．肩越しに，すぐにそれとわかる狩人オリオンのベルトに輝く 3 つの星が，東から昇ってくるのが見えていた．オリオンは夜半過ぎからの主要なターゲットだ．この 3 つの明るい星は，実際には太陽の 10 万倍の明るさの若い巨星なのだが，1500 光年という距離のために明るい点にしか見えない．ということは，目の前の光は 1500 年かけて私の目に到達したということになる．だがその夜私が狙っているのはオリオンのベル

トではなく，狩人の剣を形作る縦にならんだ星の集団，とりわけその中心付近にある，肉眼で見ると1つの星というよりはぼんやりとしたしみのように見える部分だ．そこが，オリオン星雲だ．

当時の天体観測では，望遠鏡を正確に天体にむけることはできなかったし，暖房の利いた制御室に像を送信してくれる高感度テレビもなかった．そういった装置は，1957年，旧ソ連のスプートニク打ち上げに続く物理科学の開花期になって初めて実現したのだ．それまでは実際に望遠鏡をのぞいて天体を見定め，その像を観測装置の中に導かなくてはならなかった．リック天文台の望遠鏡の場合だと，まず光を分光させてガラス板の上にそのスペクトル像を写し出す主焦点分光カメラを横に移動させてから，アイピースを使って15m下の巨大なミラーから反射されてくる像を調べなくてはならない．典型的な近眼の科学者だった私には，アイピースを使わずに巨大なミラーと自分の目，という2つのレンズで像を直接調べるという離れ業さえ可能だった．

昇りつつある狩人の剣をとらえるために望遠鏡が素早く動くにつれて視界にさっと飛びこんできたものは，私のそれまでの経験をはるかに超えたものだった．写真で何度も見ているし，その領域の最も詳細なデッサンが壁に描かれている円形の大学院生の部屋で駆け出し時代を過ごしている．にもかかわらずそれは予想もしなかった，思わずため息がでるほどの姿だったのだ．中心部には4つの明るい青い星がいる．その4個の星はあまりに明るいため，周辺の何百もの暗い星の光を圧倒している．極端に暗いものから非常に明るいものまでその星の集団は夜空で最も濃密な領域の1つだ．色は4つの明るい星の青の濃淡から，画面全体に散らばっている暗い星々の深いルビーレッドまで，なめらかに変化している．だが最も印象的なのは，燃えあがるように輝く雲，星雲そのものだ．私の目をひきつけたのは，明るい星の周辺ではなく中心からはずれたあたりの，明るい棒のような形状といくつもの小さな塊だった．色合いは荘厳で，澄みきっている．中心部は青緑の光輝を発し，中心の星々から離れるに従って次第に赤みを増していく．明るい棒状のものは鮮やかな赤だ．オリオン星雲を見て感激しなかったら，夜空に感激するものというのは，まず見つからないだろう．

私の場合は，あまりに感動したために，天文学者としての人生のおおかたを

オリオン星雲の研究に費やしてきた．常に最新の観測手段と分析手段を使い，最近は，現在世界最高といって間違いのないハッブル宇宙望遠鏡を使っている．本書の中で，私はオリオン星雲に関して現在わかっていることと，どのようにしてそれがわかったのかについてお話しし，さらにこの有名な天体を正確に理解してもらえるよう天文学の簡単な背景を紹介するつもりだ．

図1.1に示す狩人オリオンは，12月の夕方の空を支配する星座だ．他の多くの星座の場合とちがって，オリオン座のほとんどの星は見た目と同じような距離を保って，互いに結びついている．オリオンのベルトを形作る3つの星は，一列に並んでいて冬の空でめだって明るい星なので，簡単に見つけることができる．そのベルトからぶらさがっている別の3つの星がオリオンの剣だ．ベルトの星よりは暗いが，肉眼で十分見ることができる．視力がよくて，新月で，光害がないという条件がそろえば，この3つの星の真ん中の星が，いくらかぼんやりしていることがわかるだろう．ここがオリオン星雲だ．古代の人々にとっては，この真ん中の星はオリオン座の中で8番目に明るい星に見えた．そのためオリオン座シータという名前がついている．つまり，1つの星座の中の星は，明るいほうからアルファ，ベータというふうにギリシャ文字で順番に呼ばれているのだ．

中央アメリカのマヤ文明には，夜空のこの領域に関連した民話が伝えられている．彼らの伝統的な炉は3個の石でできていた．マヤ人はオリオン座の一番下にある2つの明るい星とベルトの一番左側（空の東側）の星を，その3個の石と見なしたのだ．夜空の炉石の中心にあるのがオリオン座シータ，燃え上がるたき火だ．この話は，かつてオリオン星雲がどう認識されていたかという歴史を知る上で役にたつ．つまりこれは，望遠鏡が発明される前の古代人は，おおかたの天体がするどくきりっとしている一方で，なんとなくぼんやりしたものがあることに気づいていたという明らかな証拠なのだ．そこに星雲があることを知っている現代の観測者が，肉眼で見えると主張するのは，まあそれはそれでたいしたことではあるけれど，望遠鏡で確認されるずっと以前からそれはぼんやりとした星だと考えられていたという方が，ずっと信頼性があるというものだ．

不思議なことに，天体望遠鏡の父と称されるガリレオ・ガリレイがオリオ

図 1.1　神話と星座を組み合わせたこの天体図は，オリオン座が生まれて 2000 年近くたった 19 世紀に描かれた．オリオン座はアメリカや日本では冬の夕方の空で，最も目立つ星座だ．狩人オリオンのベルトの明るい 3 個の星の並びを見つけるのは簡単だ．オリオン星雲はそのベルトから下げられたさやに納められた剣を形作る星の真ん中あたりにある．（F. J. Huntington celestial map of 1835, 部分，著者所有）

ン星雲を見たという記録はない．私はここでガリレオを天体望遠鏡の父と一応呼んだし，彼はそう呼ばれるにふさわしいのだが，実際には望遠鏡を発明したのはガリレオではない．1609年当時，レンズはすでに数世紀にわたって近視や遠視用めがねに使われてきていた．レンズを作るのは比較的簡単なことで，光学の物理法則を理解している必要もなかった．あるやり方でレンズを作れば近視用になるし，別のやり方で作れば遠視用になるということを知っていれば十分だった．ガリレオは2つの特殊な形のレンズ（1つは両側が凸レンズ，もう1つは両側が凹レンズ）を組み合わせると，遠くのものを拡大した像ができることがオランダで発見されたことを耳にした．それが軍事目的に利用できることにすぐに気がついたガリレオは，もっとよい望遠鏡を作るための資金集めを始めた（こういうことは400年前も今も，あまり変わらないようだ）．その自作の望遠鏡を空にむけて，ガリレオは月のクレーター，太陽黒点，木星を回る衛星といった目もくらむばかりの発見をしている．だが彼はオリオンの剣の星々を詳細に記したというのに，そこにある星雲に気づかなかった．この失敗はおそらく，ガリレオが使っていたガラスに細かい砂や泡が入りこんでいて質が悪かったことが原因だろう．そのため明るい星はすべてぼんやり見えていて，オリオン座シータの中心にある明るい星々も，そのまわりが明らかに雲に囲まれているのに，他の星と同じようにしか見えなかったのだろう．

　オリオン星雲は，1610年，フランスのマルセイユで働いていたイタリア人天文学者のニコラス・ペイレスクが，ガリレオと同じ型の同じような性能の望遠鏡で発見したと言われている．だが彼はその発見を個人的な記録に残したにすぎない．1618年に，イエズス会の天文学者だったヨハン・バプティスト・シサットが，明るい彗星に関する本の中で星雲のことに触れているために，発見者としてそれなりに認められている．しかし彼が書いた「天界におけるこの現象を示す別の例として，オリオンの剣の最後の星（原文のまま）周辺にある星の集団が挙げられる．そこで非常に狭い空間に星が密集しているのを見ることができる．その星々のまわりや間には輝く白い雲のように拡散された光がある」は，かなりあいまいな表現だった．発見者の栄冠というのはある物体や現象の存在と詳細をしっかりと確認し，かつその重要性を認識した人に与えら

るのが普通だ．そうだとするとオリオン星雲の発見者は，1659 年に『土星の体系』"Systema Saturnium" という本の中に星雲のスケッチを載せたクリスティアーン・ホイヘンスということになるだろう（図 1.2）．このスケッチではオリオン座シータはいくつかの星に分かれていて，そこはオリオン星雲とつながったたくさんの星の塊なのだという今日の解釈に近いものがあり，現在知られている星雲の姿をはっきりと見ることができる．

続く 18 世紀も，オリオン星雲は引き続き天文学者のお気に入りだった．大型の望遠鏡がつくられるにつれて，像はどんどんよくなっていった．通常は，

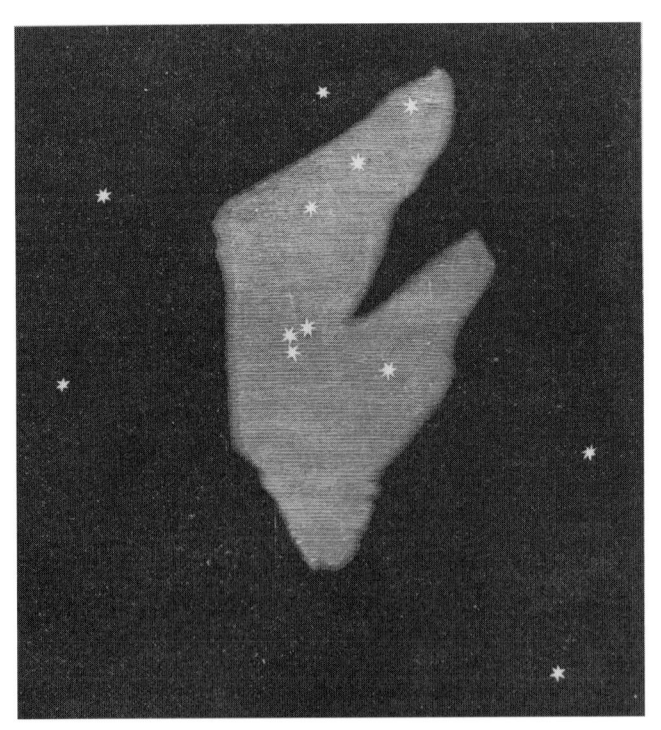

図 1.2　1659 年に出版されたクリスティアーン・ホイヘンスの絵が，オリオン星雲を描いた最初のものだと考えられている．この絵では，右下が北を指すように描かれている．（Owen Gingerich, Harvard College Observatory）

天文学者が自分で専用の望遠鏡を作るのが普通だった．望遠鏡のレンズは焦点距離の長いものを作る方がずっと簡単だ．焦点距離というのは，対物レンズと像が焦点を結ぶ場所との距離のことをいう．そこに結ばれた像をアイピースで調べるわけだ．焦点距離の短い望遠鏡は作るのが難しい．だが，焦点距離の長いレンズは口径（光を集める対物レンズの直径）が大きくない限り，星雲の光が広がってしまってはっきりと見えない．つまり，月や惑星観測用に作られた長い望遠鏡は，オリオン星雲を見るには向いていないということになる．技術の進歩につれて焦点距離に比例した大きなレンズの望遠鏡が作られるようになって，ぼんやりとした天体が注目を浴びるようになった．ぼんやりとした天体といえば，一番有名なのはいうまでもなく彗星だ．彗星は，正体がなんなのかわからない，というだけの理由で畏怖の念を引き起こした．それはエドモンド・ハレーが1758年の彗星（ハレー彗星）の再帰を予言した後も変わることはなかった．この予言はハレーの死後に証明されている．18世紀には，彗星捜索は競争の激しい科学的なスポーツとなり，現在でもアマチュア天文家の間で続けられている．夜空には，星雲のように彗星によく似てぼんやりとした，だが動かない天体がある．フランスのシャルル・メシエは彗星捜索者のために，100個あまりの彗星によく似た天体のリストを編集した．全天に広がるこの天体には番号がつけられ，オリオン星雲はメシエ42（メシエの頭文字をとってM42と表記する）となる．メシエの天体リストには，有名なカニ星雲（M1）やアンドロメダ大星雲（M31）などの夜空でとりわけ華々しい天体が含まれている．さらにメシエはM42のかつてないほどの詳細なスケッチを残した（図1.3）．

　18世紀の終わりには，ドイツ生まれのイギリス人天文学者ウィリアム・ハーシェルが，スペキュラム合金と呼ばれる青銅の合金を使ってどんどん大型の反射望遠鏡を作り始めた．反射鏡は鏡面を磨くだけなので，レンズの両面を磨いて作る屈折望遠鏡よりずっと簡単に作ることができた．さらに反射望遠鏡のレンズ（鏡）は裏側から支えることができるため，しっかりと固定するのがはるかに容易になる．最大口径のスペキュラム合金を使った反射鏡は，イギリス統治下にあったアイルランドのロス卿ウィリアム・パーソンズが作ったもので，その「パーソンズタウンの巨大海獣」は直径が1.8 mあった．この望遠鏡

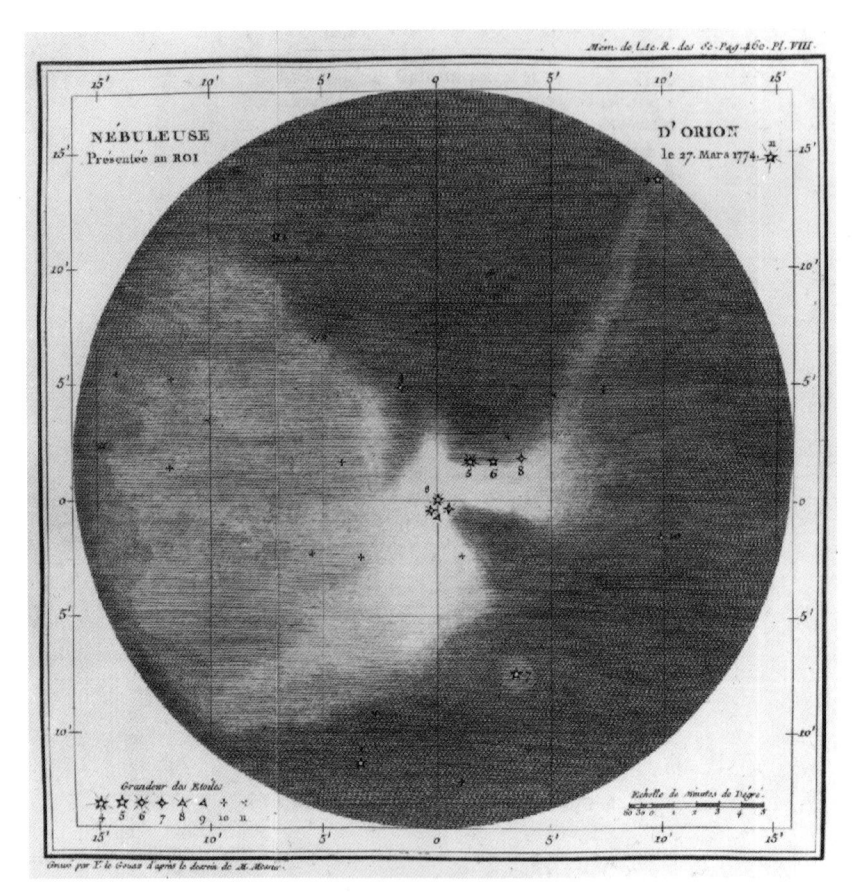

図1.3　シャルル・メシエは，彗星と混乱しかねない星雲状天体のリストを完成させたことで知られている．メシエは優れた観測者であり，1771年にこのオリオン星雲のスケッチを出版した．ここでは，下が北を指しているが，これは20世紀初頭までの通例だった．中心部の4個の星はトラペジウムと呼ばれる．（Owen Gingerich, Harvard College Observatory）

は，鏡があまりに重かったために自由な方向に向けることはできず，南北方向に一定の幅をもった空の中を天体が通過するときにだけ観測できるような設計になっていた．ハーシェルやパーソンズの大口径望遠鏡のおかげで暗い星まで飛躍的に観測できるようになったが，オリオン星雲のような明るい天体を観測

するには像の質が最も重要だということは当時すでにわかっていた．第5章で説明するが，地球大気の乱流が許す限りの最高の像を得るのにわずか直径 13 cm の高精能の望遠鏡があれば十分なのだ．そのため，今までに望遠鏡を使って描かれたオリオン星雲のスケッチで最高のものは，ジョージ・ボンドがハーバード大学天文台の 38 cm 屈折望遠鏡を使って，特に大気が安定している夜に 4 年の歳月を費やして描いたものだというのは，別に驚くほどのことではないだろう（図 1.4）．

　オリオン星雲のスケッチの時代は，1880 年 9 月にヘンリー・ドレイパーが最初のオリオン星雲の写真を撮影したことで突然の終息をむかえた．当時の写真の感度は格別優れてはいなかったし，望遠鏡の安定度は低かったが，そ

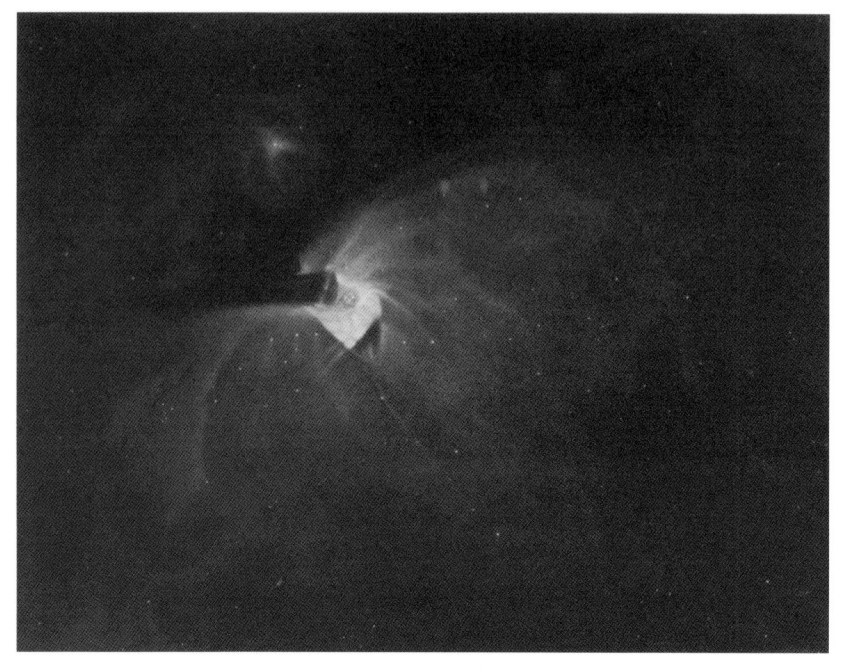

図 1.4　ジョージ・ボンドの描いたオリオン星雲．数年にわたる注意深い眼視観測の結果，1877 年に出版されたこのスケッチは，最も詳細なオリオン星雲のスケッチと言われている．だがわずか数年後に，写真に取って代われた．図の上が北を指している．（Owen Gingerich, Harvard College Observatory）

れでもそれ以後のオリオンや他の天体の観測が写真中心となることは明らかだったし，実際に少なくともその後1世紀以上の間，写真が全盛となったのだった．

第2章

宇宙の姿

　天体の写真を見るとき，ちょっとした予備知識があるとかえって不思議さが増し，夜空の美しさへの驚嘆の念を深めてくれる．オリオン星雲の写真の場合も同じで，知れば知るほどその複雑さに圧倒されるほどだ．そこでこれからのいくつかの章を使って，この美しい写真に関するなぜ，どのようにして，という知的背景をお話ししよう．我慢できなかったら第8章に飛んでそちらを先に読んでから，また戻ってくるといいだろう．

　オリオン星雲は，1つの天体であると同時にある過程，つまり死んでいく星の破片が私たちの太陽のような新世代の星へと生まれ変わっていく過程でもある．この転移は130億年という宇宙の歴史のごく初期の頃から宇宙のいたるところで繰り返し起こってきたことだが，ここでは，私たちの銀河系，私たちの世界が創造された箱の中だけに話を限ろうと思う．

　街の灯りから遠く離れた空の暗いところで星を見たことのある人たちは，天の川を見慣れているだろう．ガリレオは初期の望遠鏡でこの雲のように見える光の帯を，ひとつひとつの星に分解して見ていた．やがてこの光の帯は，私たちの銀河系である天の川銀河[*1]を実際に横から見た姿だということがわかっ

[*1] 銀河，銀河系，系外星雲，系外銀河（この本の中では使われていない）はすべて同じもののことをさす．その中でも，私たちが住んでいる銀河系のことを天の川銀河と呼ぶ．

てきた．天の川銀河は2000億個以上の星からなっているにもかかわらず，ごくありふれた普通の銀河でしかない．現在，観測できる範囲の宇宙には，少なくとも400億個の銀河がある（そしてそれ以上の数の暗すぎて見えない銀河がある）ことを考えると，2000億という数字の本当の大きさが理解できるだろう．宇宙には無数の銀河があって，私たちはその中の1つの銀河系に住んでいるにすぎない．この多すぎるほどの銀河は，ビッグバン直後のごく最初の頃に原始スープだった宇宙の物質の分裂によってできた．この原始スープは均一でなかったため，宇宙は誕生して間もない間に分裂を始め，知られている限りで最も大きい構造物，宇宙の空洞と殻を生み出した．まもなくもっと小さい単位への分裂が始まり，その1つが私たちの銀河系になったのだ．

　銀河系の最も重要な特性は，重力で結びついているという点だ．つまり1つの銀河系の中のある部分が別の部分と重力的に引きあうことによって，その部分が宇宙のどこかに飛んでいってしまうのを防いでいるのだ．ここから非常に重要な結論が引き出される．それは互いに衝突するという稀な場合を除いて，ひとつひとつの銀河は他の銀河とは切り離され，独自に生まれ発達してきたということだ．このために私たちは自分たちの銀河系を自分たちの大陸として，他の銀河とは切り離されて独自の時間枠の中で独自に発達したものとみなすことができる．地球上の大陸に働いたのと同じ物理法則が，生まれつつある銀河にも働いている．地球に霊長類を生み出した大陸と有袋類を生み出した大陸があるように，実際にどう進化するかは生まれたての銀河のそれぞれに配られたカードの特性次第ということだ．大量の質量をもって生まれれば星をたくさんもった銀河になるし，質量が少なかったら矮小銀河になるように最初から運命づけられてしまう．現在知られている他の銀河を見ると，質量の大きいものと小さいものとの間には万単位の差があり，その結果として明るさはそれ以上の差になる．質量というのは比較的簡単な概念だ．それはどれくらいの物質が存在するかという尺度だ．質量に比べると銀河のもうひとつの重要な構成要素の方は，はるかに難解だ．それは角運動量（より正確にいうと，基準質量ごとの角運動量）と呼ばれる．物体を前方に動かし続ける普通の運動量に似て，角運動量は物体を回転させ続ける．生まれたばかりの銀河の中には角運動量をたくさんもっているものと，あまりもっていないものとがある．結果として，渦巻

図 2.1　ハッブル宇宙望遠鏡が写したこの写真には，いろいろな型の銀河が写っている．ここで写っていないのは，はるかに暗い矮小銀河，不規則銀河とクェーサーだ．（Space Telescope Science Institute, NASA/ESA）

き銀河と呼ばれる対称性の高い平らな形になる銀河もあるし，非常に不規則な形になるものもある．さらに，基準質量ごとの角運動量が小さく全体としての質量が大きいと，対称性は高いが平らではない楕円銀河となる．図2.1に様々な形状の銀河が写っている．

　私たちが住んでいるのは渦巻き銀河で，中心部に巨大なブラックホールがある．だが質量のほとんどは渦状腕のある円盤部分に集中している．地球の太陽は50億年ほど前にこの円盤の中で生まれ，円盤の3分の2ほど外側寄りに位置している．円盤の重力が，ほとんどの周辺物質と一緒に太陽系を円盤の厚みの真ん中近くに引き寄せている．ということはつまり「上」や「下」を見るとそれほど星はない．反対に，円盤の方向を見ると（私たちはその中にいることを忘れないように）あまりにもたくさんの星があるために，肉眼ではその星が全部一緒になって空を横切る帯のように見える．これが天の川だ．銀河系の中心方向に近づくにつれて単位体積ごとの星の数が増えるので，天の川はどっちを向いても同じというわけではない．つまり，銀河中心方向を見れば天の川はずっと明るい．夏の天の川が冬と比べるとずっと明るいのはそのためだ．夏の夜は銀河中心方向を見ているで，天の川は一番濃く明るく輝いている．反対に冬の夜は銀河中心とは反対側を向いているので，天の川は非常に淡い．もし銀河中心まですべての星を見ることができたら，この差はもっと大きくなっていただろう．だが，少なくとも可視光に関してはそれは不可能だ．そのことはのちほど説明しよう．私たちはこの星の森のど真ん中にいるわけだから，自分たちの銀河系の形を見るには近くにある似たような銀河の姿を見るしかない．アンドロメダ銀河（M31）はその1つだ．北半球にいてどこを見るかわかっていれば，アンドロメダ銀河は肉眼で見ることができる．南半球からだとM31は見えないが，小さめだがずっと簡単にみつかる銀河が2つある．この雲のようなものの存在を最初にヨーロッパにもたらしたのが，人類初の世界一周旅行で生き残った人たち*2であったために，この2つの銀河はマゼラン星雲と呼ばれている．自分たちの銀河系の姿を遠くから見ることはできないが，いろいろ

＊2　南半球でしか見えない大小マゼラン星雲は，16世紀にマゼランが率いる船隊によって観測され，北半球の人々に知られるようになった．マゼラン自身は，途中で戦死し，帰還は果たせなかった．

な証拠から図 2.2 に示す M51 に非常によく似た典型的な大きな渦巻き銀河だと考えられる．

　100 年近く前まで，天文学者たちはこの銀河系が宇宙のすべてで，太陽はその中心付近にあると信じていた．それはプトレマイオスの人間中心的な考え方を，そのまま距離とスケールを大きくしただけのようなものだった．プトレマイオスの体系というのは，地球を中心にして，太陽，惑星，恒星がそのまわりを回るという，理論的には筋道の通った宇宙モデルだった．このモデルは，それが作られた紀元 2 世紀に観測できたすべての天文現象を説明していた．太陽，月，惑星のみかけの動きや，恒星の毎日の動きを説明することができたのだ．宇宙は太陽と月と惑星からなっていると考えられていて，恒星は 24 時間ごとに地球のまわりを回転する殻の上の光として追いやられてしまっていた．これでわかっているすべての天体の特徴を説明できたし，惑星の動きに関して新しい観測結果がでたら，わずかな変更を加えるだけでよかった．人間中心の一神論文化にとって，地球を中心に据えることはきわめて受け入れやすいことだった．地球と他の惑星が太陽のまわりを回るというもうひとつのモデルは，ギリシャ文明が栄えた初期の頃に登場している．だがプトレマイオスの体系は 1543 年にニコラウス・コペルニクスが『天球の回転について』"On the Revolutions" という本を出版して，現在私たちが「基本的には正しい」と知っているモデルを発表するまで不動の位置を保っていた．ここで「基本的には正しい」という言い方をしたのは，コペルニクスは惑星の運動を円運動としたためで，実は楕円運動だったのだ．実際のところ，コペルニクスのモデルは惑星の運動を説明するうえで，プトレマイオスのモデルと同じ程度でしかなかったし，地球の動きは 19 世紀初頭まではっきりとはわからなかったのだ．だがとにかく，17 世紀初頭にガリレオをはじめとする観測者たちが天体望遠鏡を使って他の惑星のまわりを回る衛星を見たり，内惑星には月と同じように満ち欠けがあることを発見すると，太陽を中心とする太陽系モデルは広く受け入れられるようになった．デンマークの貴族ティコ・ブラーエが行った惑星の運動の正確な測定結果を使って，ヨハネス・ケプラーは惑星の動きが太陽を回る楕円軌道だったらコペルニクスのモデルは完璧であることを示した．続いて 18 世紀に入り，アイザック・ニュートンが重力の法則を使って，惑星が太陽のま

図2.2 ハッブル宇宙望遠鏡が写した渦巻き銀河 M51 の中心部．私たちの天の川銀河を真上から見下ろしたら，このように見えるだろう．渦巻きが中央の小さな中心核まで続いていることに注目してほしい．星間物質からなる暗い筋が渦巻きを際立たせているが，ここにガスと塵が集中していることを示している．渦巻きに沿ってある赤い宝石は，オリオン星雲と同じような，だがはるかに大きい天体だ．下の方の特に明るい星々は，M51 ではなく私たちの銀河系の中にある天体だ．(Space Telescope Science Institute, NASA/ESA)

わりを回る軌道上にとどまっている理由を明らかにした．こうして惑星とその衛星，彗星の動きは，自動的に動くぜんまい仕掛けの装置の一部として考えられるようになった．だが，恒星やぼんやりとした天体が何であるかはわからないままだった．一番近くにある星々でさえもあまりに遠くにあるために，地球のまわりを 24 時間（正確には 23 時間 56 分）で回転する天球上に描かれているように見えた．18 世紀までには，星は太陽のように非常に明るい天体で，途方もなく遠くにあるということが受け入れられるようになった．だが，星によって明るさが違うのは，もともとの明るさが違うせいなのか，それとも距離が遠かったり近かったりするためなのかは，はっきりしていなかった．

　光源が遠くに離れていくとき，たとえそのもともとの明るさ（絶対光度）が変わらなくても，その光は暗くなっていくように見える．みかけの明るさの変化を，距離の関数として正確に計算する方法がある．光源を取り囲む透明な同心円の球体を考えてみよう．その球体はすべて同じ量の光を受けていることになる．だが単位面積ごとに受ける光の量は，光源からの距離の 2 乗に比例して減っていく．つまりみかけの明るさは，光源からの距離の 2 乗に比例して暗くなっていくのだ．ここでもし光源の絶対光度がわかっていれば，問題をさかさまに解くことができる．この場合はみかけの明るさを測ることによって，光源までの距離を計算できることになる．

　18 世紀も終わりに近く，舞台に登場する次なるヒーローはウィリアム・ハーシェルだ．ハーシェルは音楽家としての教育を受け，生まれ育ったドイツからイギリスに移り住んだ．その頃，イギリス王室は血統を守るために遠い親戚をドイツから招き，そのドイツ人が英国王ジョージ 1 世となっていた．腕の立つ演奏家であり作曲家でもあった（彼が作曲した曲は今も残っているが，その音楽的価値よりはむしろ物珍しさから演奏される）ハーシェルは天文学に情熱を燃やし，自ら望遠鏡を製作して観測を始めた．彼が作ったスペキュラム合金を使った反射鏡は，当時としては最も性能のよいものだった．妹のキャロラインを助手として天空の捜索をしていた彼は，あるとき偶然に，小さい円盤状の天体を発見した．星よりは大きく彗星のようにぼんやりとはしていないその天体の動きは，惑星でしかありえなかった．地球を含む 6 個の惑星はすべて肉眼で見える．これは望遠鏡で発見された最初の惑星だ．ハーシェルは新しい世界

を発見したのだ．なんてすばらしい発見だろう！　政治的才覚を発揮したハーシェルは，その惑星に国王の名前をつけようとした．科学者たちの反対で天王星と名づけられたのだが，国王の名前をつけようとしたおかげで，王室からの経済的援助を受けてさらに新しい望遠鏡を作り，観測に集中していった．

　ハーシェルはいろいろなプロジェクトをもっていたが，その1つは星が宇宙空間にどのように分布しているかを調べるために，望遠鏡を使って宇宙の深さを調べることだった．まず宇宙のあらゆる方向にわたって，みかけの明るさがいろいろ違う星の数を望遠鏡を使って数えた．それからすべての星は太陽と同じ絶対光度であるという合理的な仮定をたてて，一番暗い星までの距離を計算したのだ．彼の発見を図2.3に示す．現在では彼のモデルは天の川銀河の一部分にすぎないとわかっているが，ハーシェルはこの天の川銀河が宇宙のすべてだと考えていた．つまり，彼は宇宙モデルを導き出したことになる．天の川の真ん中を横切る線（天の赤道）にそって調べながら，最も遠くにあると自ら確信した星を発見している．ハーシェルの銀河系は現在銀河系中心部として知られている方向に，それより少し先まで広がっていた．銀河赤道面に垂直な方向

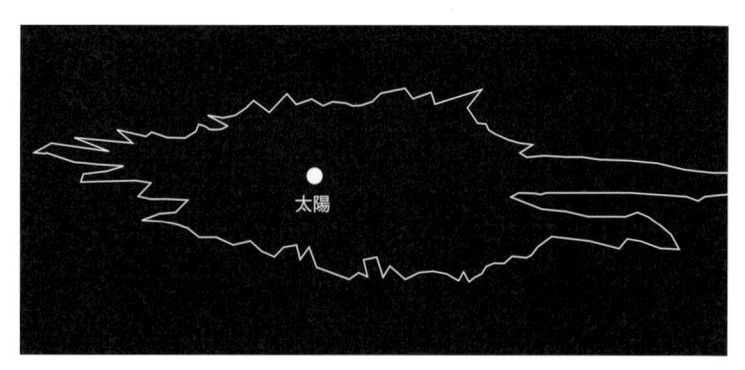

図2.3　ウィリアム・ハーシェルは，天の川の中やまわりにある特定の明るさの星の数を数えて，天の川銀河を真横からみたモデルを描こうとした．この図が，その銀河図だ．現在では，星間物質のせいで遠くの星の光は暗くなることがわかっているので，ハーシェルのこの銀河図は星の実際の分布ではなく，むしろ減光のレベルを示していることになる．だがそれでも，このモデルは私たちの銀河系モデルとして100年間使われた．ハーシェルは銀河系の大きさは数千光年にすぎないと考えていた．

には，星はそれほど遠くまで広がっていない．銀河系は平べったかった．彼の宇宙の一番遠いところは 3000 光年ほど先だった．1 光年というのは光が 1 年間に進む距離で，9 兆 5000 億 km にあたる．1 光年は，太陽中心部と地球中心部との間の平均距離（1 天文単位 AU：1 億 5000 万 km）の 6 万 3241 倍になる．ハーシェルの銀河系，つまり当時の宇宙全体の量的モデルの開発はすばらしい偉業であり，続く 1 世紀の間にますます洗練されていった．しかし残念なことに，そのモデルは完全に間違っていたのだった．

　ハーシェルが用いた方法は基本的に正しく感じられるが，致命的な間違いがあった．星の絶対光度は同じではなく広範囲にわたっているが，たくさんの星を平均すればその平均光度は太陽くらいになるので，それほどの違いはない．ハーシェルのモデルとそこから引き出された結果が間違っていたのは，星と星の間は空っぽではなく，塵やガスがあることに彼が気づいていなかったせいだ．霧がでると遠くの光は一段と暗くなって見えるのと同じように，星の間にある細かい塵の粒子のために，星は実際より暗く見えてしまう．遠くを見れば見るほどその効果は大きくなるので，ハーシェルが銀河系の円盤の奥を見たとき限られた距離の星しか見えなかった．その先にも星はあった．だがこの「星と星の間の減光」のせいで，観測できなかったのだ．天の川の垂直方向にある星の分布に関するハーシェルの推定はかなり正しかった．その方向の星の多くは近くにあるので減光がほとんどなかったためだ．私たちが住むこの銀河系は，まさに薄い円盤なのだった．

　ハーシェルの宇宙モデルはプトレマイオスのモデルより，ずっとはるかに大きかった．だがそこでも，私たちは宇宙の中心にいた．世界は自分たちのために創造されたのだと教えられていたならば，何の疑問ももたない場所だった．

　ここで彼の弁護をしておくと，ハーシェルはこの銀河系が宇宙のすべてではないと推測していた．明らかに星ではない星雲をたくさん発見し，スケッチを残していた．そしてその星雲は，重力的に結びついた銀河であって（まさにその通り！），あまりに遠くにあるため個々の星は見えないのだと考えた．このハーシェルの考えは，著名な若き天文学者だったエドウィン・パウエル・ハッブルが 1924 年に銀河系外星雲までの莫大な距離を導き出したことによって，やっと証明されるにいたった．こうして，私たちは島宇宙の中の 1 つの宇宙に

住んでいることがわかったのだ．

　私たちの銀河系はたくさんの銀河の中の1つにすぎなくて，星の距離は星間減光の影響を考えて修正しなくてはならないことがわかると，天文学者たちは20世紀の残りの時間をかけて正確なモデルを作り，改良してきた．この改良の大部分は，星間のもやの影響を受けることのない電磁波を観測できる電波望遠鏡の出現によって促進された．最新の構図では，銀河中心部は2万5000光年の先にあり，そこはおそらくは巨大なブラックホールに起因する強い重力場になっている．この大質量ブラックホールは，莫大な絶対光度をもつ銀河の中心部には必ずあるのではないかと最近では考えられている．それほど大質量でないブラックホールは，ごく普通の銀河で頻繁に発見されている．銀河系のおおかたの物質は，星や星間塵や星間ガスからなる銀河円盤の中に広がっている．この銀河円盤は銀河系中心部を中心として回っているが，その回転の仕方はCD盤の回転とは違っている．CD盤の上に2つのゴミが落ちている場合，そのゴミの位置関係はCDが回転しても変化することはない．一方，銀河系の回転は差動回転と呼ばれ，中心からの距離によって回転周期が違っていて，内側の方が外側より速く回っている．太陽系の惑星の動きも同じ差動回転で，内側の惑星の「1年」は外側の惑星の「1年」よりずっと短い．この物質でできた銀河円盤に重なるように，近くにある渦巻き銀河とよく似た渦状腕と呼ばれる楕円形の姿が浮かび上がってくる．自分たちがいる銀河系の渦状腕は，円盤の内側から見ると渦状腕が重なりあってしまうためにわかりにくい．だがこの渦状腕の存在はオリオン星雲を理解する上で非常に重要になってくる．というのは渦状腕には星が生まれるのに必要な原料である星間塵や星間ガスが大量に含まれているのだ．私たちの太陽はそういった渦状腕の1つから生まれた．だが誕生以来25回転もしてきたので，すでに生まれた場所からすっかり移動していて，もともとの渦状腕はずっと前に消滅してしまい別の渦状腕に変わってしまっているだろう．

　太陽系周辺を見下ろしたら，おそらく図2.4のような感じだろう．地球の太陽はどの渦状腕からも離れているが，すぐ近くに1つ渦状腕がある．オリオン座を形作る星のほとんどがこの渦状腕の中にあるので，オリオン渦状腕と呼ばれる．ここに描かれている領域はハーシェルの宇宙モデルとほとんど同じ大き

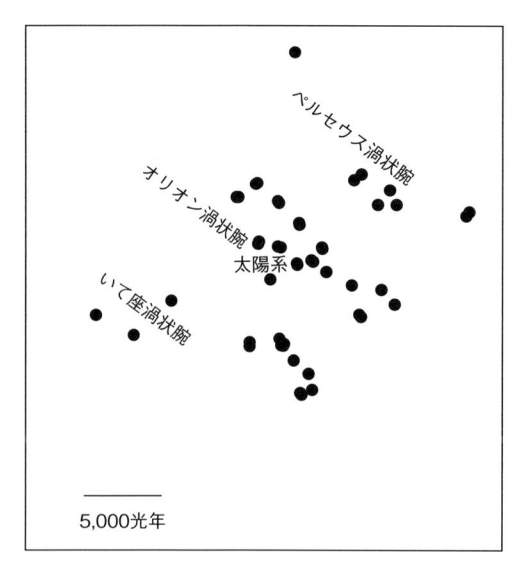

図 2.4 太陽系周辺にある明るい若い星々が，銀河系の渦状腕に沿って存在している事を示している．図 2.2 に示した銀河 M51 の渦状腕の一部を拡大すると同じようになる．

さだ．そこはもちろん「全宇宙」ではなく，何十億とある銀河のごくありふれた 1 つの銀河系の中の，それもごく近くの領域であるにすぎない．だが私たちにとっては重要な場所だ．ここで数世代にわたる星たちが生まれてきていて，その中心部では生命を生み出すことのできる重い物質ができているのだ．要するに，ここは私たちのふるさとだから．ここから，オリオン星雲内で起こっている星が次々と生まれてくる過程を見ることができるのだ．

第3章
ヘンリー・ドレイパーと写真革命

　科学者というのは先入観にとらわれることのない事実と反論される余地のない証拠を好む．天体観測の分野に写真が導入されたことで，観測データの一貫性と信頼性が飛躍的に向上した．それまでは文章で書かれたものとスケッチに頼るしかなかったから，うっかり勘違いをする余地はたっぷりとあった．観測者は午後から山の上に登って一晩中観測をする．寒さに耐えながら暗闇の中で明け方まで望遠鏡を操作するのだ．一生懸命であることは確かだが，観測し結果を記録するのに理想的な状況とは言いがたい．妹のキャロラインが仕事を手伝ってくれたウィリアム・ハーシェルのような運のよい人はそうはいない．ハーシェルの場合は望遠鏡で見たものをキャロラインが記録してくれたので，貴重な観測時間を無駄にしなくてすんだのだ．ほとんどの観測者は望遠鏡を見続けて，記録はあとから記憶に頼ってするという危険なやり方をしていた．トランジット現象（たとえばある惑星と，そこからかろうじて見えるか見えないかという距離にある新しい衛星）を観測するとき，さらには望遠鏡の中で1つの暗い天球を見つけるために観測者のぎりぎりの能力が必要とされる場合など，それまでの古いやり方では明らかに不十分だった．19世紀の天文雑誌には，観測の結果見えたと主張する人や見えなかったと異議をとなえたりする人との，非常に個人的な手紙のやりとりがよく載っていた．

　観測は，必ずしも腕のいい客観性に富んだ人がするというわけではない．そ

の上，新しいことをすでに存在している判例の中に組みこもうとする傾向というものがある．特に予想もしなかったものを見たときにそういうことが起こりやすい．天文学者になったばかりでシカゴ大学のヤーキス天文台にいた頃，同僚と私は金星が夕方の空に高く輝いているときは，必ずと言っていいほど電話でUFO発見の報告を受けたものだ．予想もしないものを見て，何かで読んだことのあるUFOが飛び回り消滅するという特徴と結びつけて，単純に結論に飛びついたのだ．このような報告は，後にアメリカ合衆国大統領になったあるエンジニア*3から出されたことさえある．

　私も似たような失態を演じたことがある．ウィスコンシン大学のパインブラフ天文台で観測をしていたある日，観測を終えて天文台のドームを閉じ，夜明け前の薄明かりの中を歩いていた．そのとき東の太陽が今にも顔を出そうというあたりに，まったく新しい非常に明るいものを見つけた．私はその場に立ち止まり，その物体を観察し，時間を確認し，目の前に見えているものを光り輝く曲線というふうに認識し，大急ぎで天文台に戻ってドームを開けた．そして望遠鏡をそちらに向けたとき，そこには何もなかったのだ．以前論文の指導教官の助手をしていたとき彗星の観測をしていたので，彗星は太陽に近づくと明るくなり，明け方か夕方の薄明の中で発見されることが多いということを知っていた．その物体は彗星によく似ていたのだ．その翌日，地方紙に載った写真を見たときの驚きといったら！　エリー湖の上でロケットが打ち上げられて，積み荷の反射率の高いレーダー反射板（アルミホイル片）が明け方の空に放出されたのだ．わずかの間その反射板は上空で太陽の光を受けて輝き，その輝く雲は夜空を背景に浮かび上がった．私がいたウィスコンシン南部からは，ちょうど太陽が昇ってくる位置に見えた．エリー湖の近くにあるその試験を行っていた軍の基地で撮った写真は，彗星とは似ても似つかないものだった．だが私は無意識のうちにその物体を彗星に似ていると分類し，形を彗星状として頭の中に記録してしまったのだ．確かに視覚と脳の関係は驚くべきシステムだが，永続性などの問題があるため，証拠をあとから調べることは不可能だ．

　天体写真の出現で観測の際の個人差が取り除かれ，ずっと暗い天体まで観測

---

*3　第39代アメリカ合衆国大統領ジミー・カーター

できるようになった．天文学は，事実をはっきりと提示しそれを調べ議論することが可能になって，現代科学としての形態を取り始めた．写真によって，それまでは見ることさえできなかった天体を永久的に記録できるようになった．この写真技術は，アメリカ合衆国における科学の本質が変わっていくのとときを同じくして完成された．南北戦争までは，科学というのは経済的に余裕があり能力に応じて知的なことを追い求める時間のある，育ちがよく教養もある紳士たちのすることだった．競争の激しい研究分野で勝ち残った科学者に，研究費を交付してくれるアメリカ国立科学財団（NSF：National Science Foundation）はなかったのだ．大学は天文台をもっているところが多かったが，現在私たちが研究と呼ぶようなことのためには使われず，どちらかというと教育と楽しみのために使われていた．幸運なことにアメリカ合衆国における大学は，天体写真が普及し始めたのとほとんどまさに同じときに現在の形態を取り始めた．1876年にジョンズ・ホプキンス大学，1891年にはスタンフォード大学とシカゴ大学，といったように独立した大学が次々と創設され，それぞれが長い間知的探求の中心となってきたヨーロッパの有名大学を見習おうとした（といっても，ヨーロッパの科学界でも育ちがよく教養もある科学者たちが中心の役割を果たしていたのだったが）．同じ時期に，すでにあった大学はハーバードやエールのような現代的な形態を取りつつその任務を広げ変化させていった．このすべてが合衆国の富と力の増大を反映していたのだ．実際，裕福な後援者が自らの記念碑として大学へ資金を提供することが多かった．ここにきて天文学は，写真術と科学研究施設の近代化との両方によって，大きく変化していったのだった．

写真の発明

エンジン付き飛行機の発明者がライト兄弟であることは間違いない．それは，先達（せんだつ）の仕事をもとにした彼らの記念碑的偉業であり，操縦しながら飛び続ける有人飛行機の世界に飛躍的な進歩をもたらした．写真の世界にはライト兄弟はいない．つまり写真（光で描くこと）を発明した人はいないし，発明された瞬間というのもないのだ．最初の頃の写真術の実験は，光を当てることで変化する物質を見つけ，それから化学的処理でその変化を永久的なものにしよう

ということだった．方法はいろいろあった．実用的写真術の発明者をひとりだけ挙げるとしたら，1826年にフランスで研究していたニセフォール・ニエプスになるだろう．彼に続いて1834年にウィリアム・ヘンリー・フォックス・タルボットが，さらに1837年にルイ・ダゲールが成功し，1840年にフォックス・タルボットがカロタイプ*4を発明した．これらには，それぞれに短所や長所があり，光にあまり反応しないものや，ポジの像になるので複製が難しいものなどがあった．有名なダゲレオタイプ銀板写真*5はポジの像を直接金属板に結ぶものだった．1851年までにはコロジオン湿板*6が開発された．これはガラス板を光に敏感な物質でコーティングしたもので，解像力が優れているうえネガの像を結ぶという利点があった．だが感光板が濡れている間に露光する必要があったので，写真を写す直前に感光板の処理をしなくてはならず，使いにくかった．南北戦争の写真はこの大変なやり方で撮られている．濡れた感光板というのは，天体写真では太陽と月を写すのにしか使えない．短時間の露光でも十分に明るいのは太陽と月しかないのだ．

天体写真を可能にした技術的躍進は，1871年にイギリスで開発されたゼラチン乾板だった．これは感光性のある化学物質が溶けこんでいるゼラチンの水溶液をガラス板に薄くのばしたもので，ゼラチンが乾燥したあとも，光への活性が保たれるものだ．これによって長時間露出が可能になり，露出後もすぐに処理しなくてもよくなった．これは，実用的で手頃な写真術が一般的に求められていたために開発されたものではあるが，望遠鏡で使える方法だった．1888年，ジョージ・イーストマンによって一大躍進が遂げられた．柔らかい媒体の上にゼラチンの膜を貼る技術が開発されたのだ．こうして，ロールフィルムのカメラが実用化された．

オリオン星雲の最初の写真

オリオン星雲の最初の写真は，1880年9月にアマチュア天文家だった医師

---

*4 感光紙を使って明暗の逆転したネガの像を作り，それを印画紙に焼き付ける手法．
*5 光に反応する銀でコーティングした銅盤の上に直接像を焼き付ける手法．複製を作ることができなかった．
*6 ガラス板に感光剤と定着剤を塗り，湿っている間に撮影する写真術．

ヘンリー・ドレイパー（図3.1）によって撮影された．ドレイパーは父の影響を大きく受けて育っている．父のジョン・ウィリアム・ドレイパーはニューヨーク大学の化学と植物学の教授で，ニューヨーク医科大学の創始者であり，写真術の先駆者でもあった．さらにダゲールの写真術を習得した最初のアメリカ人のひとりであり，1840年には写真撮影所を創設するのに尽力している．同じ年に最初の月面写真を撮り，1843年には太陽スペクトルをダゲレオタイプで撮影している．1850年頃に顕微鏡写真を作ったジョン・ウィリアム・ドレイパーは，10代だった息子のヘンリーをそのプロジェクトに引きずりこんだ．

こうしてヘンリー・ドレイパーは，生まれついた才能に加えて科学革新的な環境の中で育ち，1857年に20歳で医学校を卒業するとすぐに望遠鏡を設計し作ることに夢中になった．経済的に全く困っていなかったが，結婚によって経済的状況を一段とよくしてニューヨークの高級住宅地に住み，ヘイスティングス・オン・ハドソンにある自分の天文台からほど近いドブスフェリー近郊に別荘をもった．1872年に吸収線を示す最初の星のスペクトルを撮影し（分光写

図3.1 裕福なアマチュア天文家だったヘンリー・ドレイパーは，急激に発達した写真術を天文学に応用した．ドレイパーの天文学上の業績の1つが最初のオリオン星雲の写真撮影だ．（Owen Gingerich, Harvard College Observatory）

真については，次章で説明），1879年，イギリス訪問の際に著名な科学者のウィリアム・ハギンスから，当時ドレイパーが使っていた不便な濡れた感光板よりずっと感度の高い写真乾板が手に入るようになったことを聞いて，それを使って月と明るい惑星の写真や分光写真を撮り始めた．そして1880年9月30日，クラーク兄弟が作った28 cm写真用屈折望遠鏡を使って，オリオン星雲の50分露出撮影を行った．彼はすぐさまその写真を複製し，科学的解釈をつけることもなくそのまま発表した．続いて1882年3月14日には，最初のものよりはるかにすばらしい137分露出の写真撮影に成功した（図3.2）．だが彼はこの偉業をさらに深く追求する機会もなく，同年の11月に呼吸器系の病気で45歳の若さで死んでしまった．しかしながら彼が成し遂げたこととその技術はしっかりと理解され，受け継がれていった．写真による観測が将来は支配的になり，眼視観測は一瞬の好条件を狙って素早い観測を必要とする場合にだけ有利であることは明らかだった．

　ヘンリー・ドレイパーは自分では見ることのなかったもうひとつの遺産を残した．彼の死後，北半球で見える22万個の明るい星を調査し統計的にスペクトル型を決定するプロジェクトに，妻が資金援助をしたのだ．このプロジェクトはハーバード大学天文台で実行に移され，アニー・ジャンプ・キャノンと他の女性共同研究者たちの努力によって成功をおさめた．こうしてできたヘンリー・ドレイパー・カタログのおかげで，星の大気の特徴を統計的に研究する分野が生まれ，それによって20世紀初頭の天文学に偉大な勝利がもたらされることとなった．アイナー・ヘルツシュプルングとヘンリー・ノリス・ラッセルが別々に，かつ正確に，正しいスペクトルの順序に従って星をならべ，その順番が星の絶対光度をも示していることを明らかにしたのだ．このヘルツシュプルング・ラッセル図は，星の特徴を説明する一般的な方法の1つだが，第6章でもっと詳しくお話しよう．

写真の功績

　もし人間の目が非常に暗いものを見るようにできていたら，私たちは物にぶつかってばかりいることになるだろう．というのは，人間の視覚と脳の画像処理システムは古い像を消して新しいものに置きかえる作業を，1秒間に約20

図 3.2　1882 年 3 月にヘンリー・ドレイパーが写したオリオン星雲の写真．1877 年にジョージ・ボンドが発表したスケッチよりはるかに細かい部分がわかる．写真の上が北になっている．137 分露出で，トラペジウムの 4 個の星は露出オーバーになって，星雲の湾のように食い込んだ黒い部分の右下にある．（Owen Gingerich, Harvard College Observatory）

回行っているのだ．これによって動くものにすぐに気づき，自分が動く空間を見極めて行動できる．この動くものを感知するというすばらしい能力は，短い露出時間を積み重ねて像を作ることができる代わりに，非常に暗いものを見ることができないという代償を払わなくてはならない．人類は，望遠鏡を使ってものを見るために目を進化させてきたのではないのはもちろんだ．それは目の感度が悪いということではない．人間の目の量子効率は2分の1（すなわち，入ってくる光子の半分が反応を引き起こす）となっている．これは最新の検出器でやっと達成できるレベルに値する．問題なのは，20分の1秒の間しか光子を蓄積できないことにある．暗いものを見るということは長時間光を蓄積させるということなので，これは人間の目にはできない．

　天文学者は写真という検出器を使って露出時間を長くすることができる．ヘンリー・ドレイパーの最初の写真は，おそらくその量子効率は1パーセントの1パーセント（つまり1万個の光子のうち1個だけが記録される）程度でしかない写真乳剤[*7]を使って撮られている．それでも人間の目より6万倍長い間露出したので，ずっと暗い部分まで写すことができた．1880年以降，写真乳剤の改良はめざましく進んでいる．現在のところ最良の乳剤は効率1パーセントで，人間の目と同じ程度の像を作るには，ほんの数秒の露出が必要なだけになっている．天体望遠鏡を使って露出時間を長くするのは，単にカメラを三脚にのせてシャッターを開放にしておくというような単純なものではない．地球が回転するに従って天体も移動している（日周運動と呼ばれる）わけだから，キリッとした点像を得るにはこの日周運動を正確に補正するように望遠鏡を動かさなくてはならない．この技術は200年前から使われているので，今ではごく簡単にできる．しかしながら，どれくらい長い間露出できるかには限界がある．空が暗いのは平均すると一晩に9時間でしかない．その上，日周運動があるということは，星が昇ったり沈んだりするということだ（例外は周極星）．地平線近くの星は，地球大気が光を吸収し像をゆがめてしまう．ということは少なくとも地平線から30度以上高いところになければきちんとした観測はで

[*7] 感光性のあるハロゲン化銀粒子をゼラチンの水溶液に溶かしたもの．デジタルカメラが生まれる前，写真は乳剤をぬって乾かしたフィルムを使うのが一般的だった．

きず，これで最長露出時間はますます短くなる．

　他にも露出時間を制限する要素がある．長時間露出は相反則不規(そうはんそくふき)という特性のせいで効率が悪くなるのだ．ちょっと考えてみると，半分の明るさのものを見るとき，露出時間を2倍にすれば同じ明るさの像が得られるような気がする．だがそうはならないのだ．その理由は，乳剤の表面で起こる化学反応にある．時間が経つにつれて像が次第に失われてしまうのだ．像を何枚も重ねることができるなら，短い露出の像を何枚も撮る方が長いのを1枚だけ撮るよりもずっと効率がよい．

　人間の目は驚くほど広範囲の明るさのものを見る能力をもっている．そうでなかったら人類の先祖たちは太陽に照らされた草原を歩きながら，木陰に潜む猛獣に気づくことはできなかっただろう．写真乳剤にはそういった能力はない．技術的用語を使うと，写真乳剤には限られたダイナミックレンジしかないのだ．乳剤の中の1つの粒は，ある決まった数の光子を記録できるにすぎない．それ以上の数の光子をその粒に記録しようとしても不可能だ．この問題をだしぬく方法はある．最も一般的な方法は，像を部分ごとに走査して記録しその結果をコンピュータに保存しておくことだ．像のデジタル化と呼ばれ現在も使われている．今では直接像をデジタル化する装置が主流になっているが，これについては第4章で取り上げる．

　写真は観測手段としては難しいことのように感じられるし，実際確かに難しいのだが，手書きの文章やスケッチで描かれた観測結果と比較すると，たとえどんなに複雑でも，写真の方がはるかに優れていることは間違いない．だが永久的な写真の記録でさえも，それを調べるのは人間だということを覚えておかなくてはならない．観測者には様々な力量があって，偏見を研究室内に持ち込むのだ．

第 4 章
天文学者の道具箱

　天文学が他の科学と違うのは，研究対象と直接関わり合えないことにある．物理学者，化学者，生物学者，地質学者などはみな研究対象の標本をとって実験し，ある環境ではどのように反応するか，どのように変えられるかを調べることが可能だ．だからといってそれが簡単だといっているのではない．物理学者は原子核内の衝突を引き起こすために巨大な加速装置を作らなくてはならないだろう．地質学者は標本を取るために地球の奥深くまで掘らなくてはならないだろう．生物学者は1つの珍しい細胞を分離するために大変な苦労をしなくてはならないだろう．だが少なくとも彼らは自分で自分の実験をコントロールしている．それはつまり実験の結果から答えを導き出すために，仮説をたて，試験し，反応を変えているということだ．

　一方，天文学は観測する科学だ．手が届かない，それゆえ影響を与えることのできない対象をあつかう．観察はできる．だが干渉はできない．ただしこれは太陽系科学の分野にはあてはまらない．人類は太陽風の流れを直接調べたし，月の石を調査したし，金星や火星の表面にふれることができた．これらは天文学の一分野としての地位を離れ，太陽系科学となっている．

　太陽系科学以外では，遠くから観測するだけで満足するしかない．天文学者が使う道具はすべて，観測をするためのものだ．光学望遠鏡の発達とともに始まった近代天文学は，技術の発達とその基礎となる物理学の知識によって着実

に進歩してきた．本章ではこれから，天文学者が使ういろいろな道具について記述する．少し横道にそれるが，近代科学全般に応用できる道具の説明もいくらかするつもりだ．

科学的方法

　高校時代に科学のやり方として教わったことを覚えているだろうか？　仮定を立て，実験をし，結論を引き出す，というものだ．これは基本的な科学研究の方法として，全然まちがってはいない．だが実際には，そんなふうにうまくいくことなどめったにないのだ．熱心に研究をしている科学者に研究のやり方について聞いてみるとよい．たぶん長い沈黙のあとに，その研究分野に関する細かい話を山ほど聞くことになるだろう．要するに，わかっちゃいるけど説明しにくいものなのだ．

　どの科学にも共通する重要なことを2つ挙げておこう．事実を尊重すること，そして事実だと思われているすべてのことを疑ってかかることだ．科学者は自分の考えと結論を事実に基づいて引き出すのであって，事実であってほしいとか事実のような気がすることをもとにしてはならない．事実を尊重するということは，たとえどんなにわずかでも論破される可能性が絶対にない，決して侵されることのない絶対的な事実などはないのだと理解したうえで成り立つ．もちろん絶対的な事実に他より近づいているということはある．地球が24時間で1回転するというのは，可能な限り事実に近い．すべての証拠がこの仮定を支持しているし，天体はなぜ動くのかということを説明している他のモデルは，観測結果とは合っていないのだ．

　科学の最先端になるほど，事実ははっきりしなくなってくる．たとえば，天文学者は3/4世紀にわたってハッブル定数（ある銀河までの距離と，その銀河が私たちから遠ざかる速度の間の比例定数）を測って宇宙の年齢を決定しようとしてきた．その結果今やその数値は10分の1の精度にまで近づいているが，専門家の間ではいまだに議論が続けられ，最高10パーセントほどの違いが出ている．最先端になればなるほど事実が不確かになるという最新の例を挙げると，宇宙は実際に速度を増しつつ膨張しているという議論がある．これは一連のいろいろな結論を受け入れて初めて確かなものとなるわけだが，その各結論

自体が本質的に不確かなのだ．これらの不確定要素が混ざりあうと，最終的な答えも不確かなものとなってしまう．

事実が不確かになるにつれて，ヒューマンファクターが入りこむ要素が大きくなる．科学者は，ときとして研究結果があるひとつの方向にいくことを望むことがある．それは思い込みであったり，他の科学者との競争であったり，単になまけているだけだったり，新しいものを生み出したいという欲望のせいだったりする．優れた科学者はそのどれにも屈することなく，自分が主張していることの欠点を見失うことがない．図太さは必要だが，最終的に勝利を収めるのはアイディアと事実の競い合いということになるだろう．

科学に作用しているもうひとつの力がある．それはすでに存在する定説を補強しようとする傾向だ．地球中心の太陽系モデルがそのよい例だ．プトレマイオスの地球中心モデルは，正しい観測が次々と行われて問題点が明らかになってくると，単に最初のシンプルなモデルに複雑さをつけ加えてとことん複雑にするというやり方で改変された．この複雑なモデルは当時の観測結果に十分一致するものだった．コペルニクスがその定説の外側の世界を考えたことによって，やっと新しいモデルがでてきた．やがて，ケプラーの惑星の動きに関する法則（太陽を回る楕円軌道）が出現し，一瞬にしてコペルニクスの太陽中心の太陽系モデルを実用的なモデルに変えたのだ．コペルニクスのモデルは本質的にシンプルで，かつ当時の観測結果のすべてを完全に説明できるものだったのだ．似たような例として，非常に洗練されよくできていたカプタインの宇宙モデル*8が完全に間違っていたということがある．科学というのは，気まぐれに時々思い出したように進んでいくもののようだ．あるときは，すでに受け入れられているモデルの不完全さを証明するための情報を苦労して手に入れて，やっと概念的な躍進がなされる場合もあるし，別の場合には，科学者にとってはいらつくことではあるけれど，多すぎる事実に邪魔されることのないアマチュアが新しい体系を生み出すこともあるのだ．

---

*8 オランダの天文学者カプタインは19世紀後半から20世紀にかけて，数百万の天の川の星を観測して，回転している銀河系のモデルを作った．このモデルでも，太陽はその中心近くにあり，銀河系の大きさは，4万光年でしかなかった．

光学望遠鏡

　現代の天文学はおびただしい数のいろいろな装置を使ってはいるが，実際に天体からの情報を集めるのは400年前と変わらず光学望遠鏡だ．望遠鏡には様々なデザインのものがあるが，ここでは大型の研究用望遠鏡に重点を置いてお話しする．望遠鏡はほとんどの場合大きければ大きいほどよい．というのは，像の明るさは口径で決まるからだ．人間の目は最大0.7 cmの直径がある．これはつまり280 cmの望遠鏡は，人間の目よりも16万倍も明るい像を作ることができるということだ．

　望遠鏡の像はできるだけ質のよいものが望ましいし，像をどこに結ぶか，つまり観測装置をどこに置くかが重要になってくる．そのため，まず大きい鏡を使って光を集めることになる．反射鏡は，屈折鏡と比べるといろいろな利点があって，すべての色の光は同じ場所に焦点を結ぶし，裏側から鏡を支えることができる．最初の巨大望遠鏡（パロマー山の5 m鏡）が建設されたとき，観測装置はそれほど場所をとらなかったので望遠鏡の真ん中に設置できた．それでいくらかの光が遮断されたが，比較的小さい装置だったので余計な副鏡をつけて失う光の量よりずっと少なくてすんだ．最新の観測装置は非常に効率がよく高感度だが，そのぶん場所もとる．そのため副鏡をいくつもつけて，像を望遠鏡の外に結ぶことになる．

　最新型の望遠鏡の例として，図4.1に示すハワイのマウナケアに作られた10 mのケック望遠鏡がある（この望遠鏡は2台ある）．ケック望遠鏡の像は非常に安定した場所に結ばれる．相当な重さを支えることができるし，大型の観測装置を使っても光を失うことはない．この主鏡を見ると望遠鏡のデザインの進化がよくわかる．ケックの前は，望遠鏡は1枚の鏡（たいていはガラスかそれに似た物質で，金属よりずっと軽いもの）でできていた．だが十分な強度のある単一鏡の重さは，その口径の2乗に比例して重くなっていく．そのために，パロマーの巨大望遠鏡が建設されてから50年の間，5 mより大きい実用的望遠鏡は作られなかったのだ．ケックの設計者たちはこの問題を回避するために，36個の別々の鏡で鏡面を作り，精密な位置決定装置を使って並べたのだ．その結果，1枚の鏡よりずっと軽くそれでいて10 mの反射鏡と同じ集光

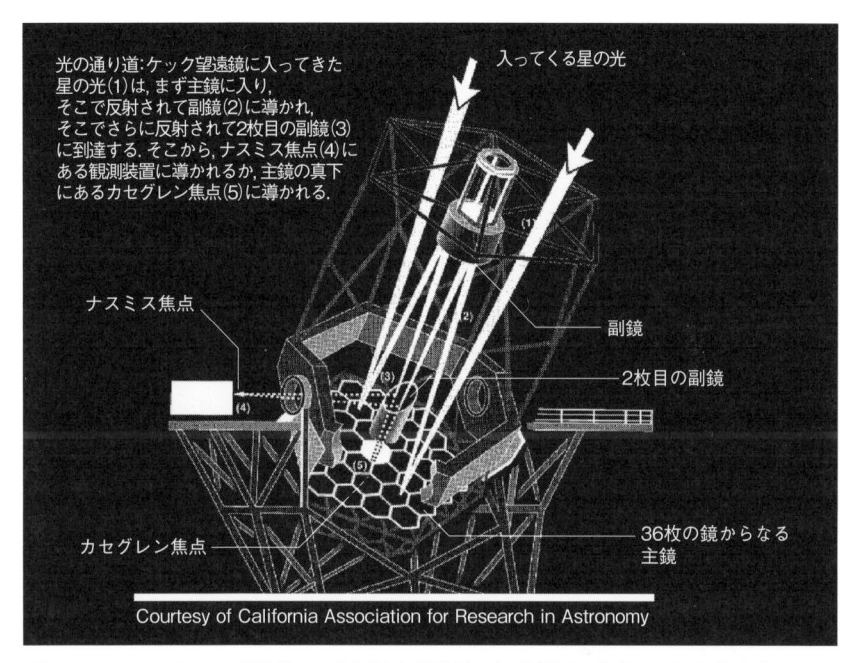

図4.1 10mのケック望遠鏡は，大型地上望遠鏡の新世代型の代表だ．望遠鏡全体の重さは主鏡の重さに左右される．軽量化のためにケック望遠鏡の主鏡は36枚の鏡に分かれていて，各鏡はアクチュエータと呼ばれる装置で微調整される．望遠鏡全体は非常にコンパクトにできていて，100年前にヤーキス天文台で作られた1m屈折鏡用のドームとほぼ同じ大きさのドームの中に収まる．（California Association for Research in Astronomy）

力の望遠鏡ができ上がった．

　ケック望遠鏡のもうひとつの特徴は，その架台にある．地球の自転につれて太陽が昇ったり沈んだりするのと同じように，すべての天体は地軸を延長した線のまわりを回るように空を横切っていく．すでに200年以上にわたって天文学者たちは，この天体のみかけの動きを相殺して像を望遠鏡の中心に導き続ける望遠鏡架台を作ってきている．だが，そのような架台を10mの望遠鏡用に作ろうとすると，まさに天文学的な値段になってしまう．ここでふたたび技術革新が起こり，経緯台と呼ばれる架台が助け舟を出してくれたのだ．この架台は構造が非常に簡単だ．垂直軸で重い望遠鏡の重量を支え，それと直角に平行

軸がある．平行軸の回転によって望遠鏡の高度を調整し，垂直軸の回転で，水平の方向（方位角）を調整する．

光をどのように使うのか？

　光学望遠鏡を使って像を結ぶのは，観測の第一段階にすぎない．写真が発明されるまでは，単にアイピースを使って目の網膜に光を写すというだけのことだったが，今ではすっかり違ってきている．望遠鏡が向いている方向を調べて調整するには，以前ならアイピースがあった場所に置かれた電子カメラからでてくるデータをモニターで見るだけだ．このカメラは人間の目と同じくらいの感度をもっているし，長時間露出が可能で非常に暗い天体を見つけることもできる．こうして観測は離れたところにある望遠鏡コントロールルームでできるようになり，快適かつ効率的になった．さて，ここから科学が始まるのだ．

　天体からのほとんどの情報は2つの手段で手に入れている．像を作ることと分光することだ．像を作ることを理解するのは簡単だが，分光については少し説明しておく必要があるだろう（図4.2）．

　像を結ぶのは，写真乳剤や最新型のカメラのような2次元の検出器を望遠鏡の焦点に置くだけでよい．あとはそこに入ってきた光子がその検出器に魔法をかけてくれる．まあ普通はそれほど単純ではない．天文学者はほしい情報をもっている光を分離するために，ある程度の光を犠牲にしたりするからだ．光を分離するにはフィルターを使う．恒星の観測の場合は，黄，青，近紫外光を分離する3つのフィルターを使うだけで，相当な量の情報を得ることができる．フィルターを使うと邪魔な光を取り除くことができるので，短い露出時間でも暗い天体が見えるようになる．オリオン星雲のような天体の場合，ほとんどの光がスペクトルの非常にせまい領域に集中しているので，フィルターで星雲の色だけを分離して，周辺の無関係の光を排斥できる．

　分光学を理解するには，光がどのように作られるかを理解する必要がある．いかなる物質もある温度をもってさえいれば，エネルギーを電磁波の形で放射している．光とは，電磁波の中の目に見える部分とその周辺部のことをいう．光を識別するのに色の名前を使うのは日常の暮らしの中では便利だが，光を量的に測るには波長を使う．波長というのは，電磁波の波頭の距離のことだ．

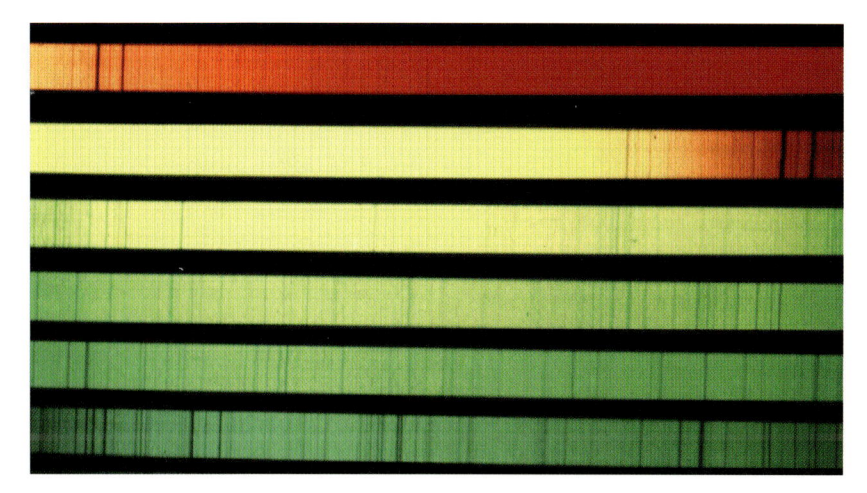

図4.2 太陽の高分解スペクトルには多量の情報が含まれている．太陽の光は，実際には人間の眼に見えるすべての色を含んでいることがわかる．黒い細い線は，太陽の一番外側の温度の低い層の内部で原子によって引き起こされる吸収線だ．この線を詳しく分析すると，実際にそこに行かなくても太陽の温度や密度，科学組成さえもわかる．

1 mmの100万分の1の単位（nm：ナノメートル）を使うと，深い赤色は波長約650 nm，黄色は580 nm，緑色は500 nm，深紫色は420 nmとなる．深い赤色より外側の電磁放射は赤外線と呼ばれ，深い紫色より短い放射は紫外線と呼ばれる．人間の目は約420〜670 nmまでの波長を見ることができる．

　光は2つの特性をもっている．連続的な波であるとともに，光子と呼ばれるエネルギーの塊としての性質ももっているのだ．つまり，光はエネルギーを運ぶ．波長が短いほど1つの光子が運ぶエネルギーの量は多くなる．赤外光子は可視光の光子よりエネルギー量が少なく，紫外光子はエネルギー量が多い．

　約100年前，ドイツの物理学者マックス・プランクが電磁放射の特性を波長と光子という用語で定義した．プランクは，固体や密度の濃いガスは光子を連続的に放射し，その分布は物質の温度に密接に関係していることを証明した．熱い物体は短い波長の放射を出し，冷たい物体は長い波長の放射を出す．このときに彼が使った方程式はプランクの法則と呼ばれている．

　もしすべての放射が異なるエネルギーの光子の連続体として出てくるなら，

天文学者は天体の像を得るのにフィルターを使うだけですむだろう．だがそうはいかなかった．太陽の外側は密度の低いガスからできている．そこは太陽の大気だ．地球に大気があるように太陽にも大気がある．だがずっと熱い．同じようにすべての星には大気があって，星の内側から出てくる放射を変化させ，私たちが観測する光の中に吸収線と呼ばれるスペクトルを残すのだ．この吸収線はその星の大気に関する重要な情報を含んでいて，星の温度や密度，科学組成などがわかる．第7章では輝線（正確に1つの波長で放射される選択的な放出線）から，オリオン星雲のような密度の低いガスの特徴を調べることができるという話をしよう．

　光を詳しく調べる道具さえあれば，夜空からあり余るほどの情報を手に入れることができる．分光器（スペクトログラフ）を使えば，光はそれを構成する色（スペクトル）に分けることができる．光をさらに小さい分解要素に分けられれば，もっと多くの情報を集めることも可能だ．スペクトル分解能が高ければスペクトルの純度（短い間隔の波長で光を測定する能力）を高めることができる．だがそうすることによって，星の光が広がってしまって測定が難しくなる．このかねあいで，望遠鏡によっては低い分解能の分光器で暗い天体まで観測するものや，高いスペクトル分解能で明るい天体の詳細を調べるものがある．

　典型的な分光器は像のごく一部だけを使うようになっているので，望遠鏡から得られる情報の多くは使われることがない．それでも大型望遠鏡のほとんどで分光器が使われているのは，天体に関する最も有用な情報が得られるからだ．

検出器

　望遠鏡の像全体を使う場合でも，その一部を分光器で調べる場合でも，それを記録するために常に検出器が必要だ．検出器は，効率を考えると望遠鏡と同じくらい重要になってくる．実際のところ優れた検出器があれば，大型望遠鏡にまさる効率をわずかな開発費で得ることができるほどだ．だがそれも一時的なことで，大型望遠鏡ができるとそれにあわせて一段と優れた検出器がすぐさま開発されることになる．すでに前章でお話ししたように，写真の出現で観測

技術は根本的に変化した．だが写真乳剤は決して効率的ではなかったので，特に恒星の明るさが広範囲に広がっているような場合，正確な結果を得ることは非常に難しかった．

星の明るさを，それも広範囲にわたって精密に測る光度測定をしようとする天文学者たちは，20世紀初頭に全く別な種類の検出器を開発した．これは発見されたばかりの光電効果（アインシュタインが最初に説いた）と呼ばれる光子と原子の特性を利用したものだ．ある種の物質は，光があたると電子を放出する．この物質は写真乳剤よりもはるかに量子効率（入ってくる光子の数が記録に残る効率）が高い．表面から放出される電子の数を正確に記録できるならば，検出器に入った光子の数を直接測れることになり，写真よりはるかに正確にかつ広範囲の明るさを記録できる．たとえば変光星の光度曲線のような問題を研究するとき，像の中の他の星には用がなくて，ただ1つの天体の光度測定の正確さだけが重要な場合に有用だ．この検出器は，光に敏感な面が真空チューブの中に入っている．最初の頃は，少量の自由電子の測定は難しかった．やがて，第二次世界大戦中に光電子増倍管が開発された．光電子増倍管は真空チューブの中で電子を放出する光電面をいくつも重ねたもので，最初の面から出た光子に誘発された電子が，次の同じような面にぶつかるように並べられている．こうして大量の電子が放出されると，それぞれがさらに次の面に導かれ，さらに次に，というふうにして数が増えていく．最終的に，最初の1つの自由電子はそれぞれが100万個以上の電子となり，測定が簡単になる．光電子増倍管の開発以来，光電子測光は実用的になり，この50年間でわずかな改良がなされただけだ．

光電子増倍管の感度はすばらしいものだったが，一度に1つの天体しか処理できない．だが，天文学者というのは天体を比較してみたいものなのだ．結果として，量子効率が高い光電子放出と，写真乳剤の大きいサイズという両方の優れた点をあわせもつ検出器の開発が次々と進められた．この新しい検出器は電子カメラと呼ばれる．このカメラは光電子放出面をもち，そこを通過した電子は強力な電場の中で加速される．その高エネルギー電子は写真乳剤にぶつかり，光と同じように，だがずっと高い量子効率で反応を起こす．この全装置は真空内に置かれ，写真乳剤は光電子放出面が空気に触れることのないよう（そ

うでないと破壊される）気をつける必要があった．この電子カメラは扱いが非常に難しかったのであまり使われなかった．

　これと平行して主に国防省の支援でイメージ増幅管の開発が進められた．これも真空内で光電子放出面から出た電子が加速されるものだが，その高エネルギー電子はイメージ増幅管の最後についている蛍光体のスクリーンにぶつかる．そこで最初望遠鏡がとらえた暗い像は，蛍光体スクリーンの上で明るい像となるわけだ．こうして明るくなった像は，兵士が真っ暗闇の適地の中で明かりをつけずに隠密行動をするのに利用されたり，天文学者が暗い天体の観測をするのに使われた．このイメージ増幅管はそれなりの成功を収めたが，写真乳剤がもつダイナミックレンジの低さのために限界があった．電子カメラに比べると荒っぽいものではあったが，これもまたハイブリッドであり，わずかな間に消え去る運命にあった．

　電荷結合素子（CCD：Charge Coupled Device）は，最も普及している最新の検出器だ．これは安定した固体の検出器で，小さい特殊処理されたシリコンのピクセルが並んだものだ（図4.3）．光子がシリコンの中に入ると，その場所に電荷の不足を引き起こす．長時間露出の間にこの電子の穴の数は入ってきた光子の数と同じ割合で蓄積されていき，量子効率は1に近づいている（1つの光子が1つの電荷の穴をつくる）．こう書くと非常にシンプルなのだが，問題は解読にある．望遠鏡がとらえた像は，微小な検出器の中に2次元に並んだ一連の電荷の穴でしかないわけだ．そこで各ピクセルを3つの小さいセクションに分ける．各セクション内で電圧のコントロールができるようになっている．この電圧を連続的に変化させることによって，1つのピクセルからの信号が隣のピクセルに伝達される．そこにもともとあった信号はその隣のピクセルに伝達される，というふうにバケツリレーが行われる．CCDの中の電子の像を映像として表示できる電子記録に変換するために必要なのは，低い電圧と正確にコントロールできる時計だけだ．難しいのは，微小の検出器を作りその電圧をコントロールし，それを並べたアレイを使いやすい大きさにすることだ．CCD検出器は今や日常的に使われているので，本書の読者の皆さんも使ったことがあるだろう．ないって？　ホームビデオやデジタルカメラも使ったことがない？　こういった機器の検出器がCCDなのだ．大型望遠鏡に使われる

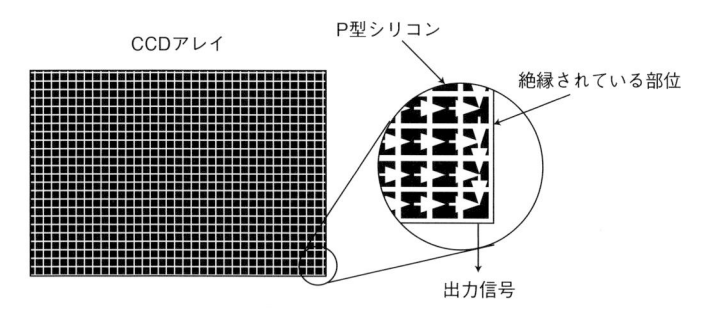

図 4.3 現在，CCD は最も普及している検出器だ．シリコンチップが小さなピクセルに分けられている．ピクセルに光が入ると，その部分に電荷が蓄えられる．露出が終わると，各ピクセルにたまった電荷は，バケツリレーのようにして読まれ，電子の情報の流れとなる．その情報は処理されて，テレビやコンピュータ画面の上に像として映し出される．

CCD がビデオやデジタルカメラに使われている大量生産のものと違うのは，バックグラウンドのノイズが小さく，アレイのサイズがずっと大きいという点だけだ．それはつまり，望遠鏡に使う CCD ははるかに高額だということになるが，それは需要が低いからという理由も大きいだろう．望遠鏡に使うときは，液体窒素で冷却して使う．液体窒素は低価格で簡単に手に入る冷却剤だ．液体窒素を摂氏マイナス 196 度まで下げると，暗電流（光子が入ってこないときにできる電荷ホール）をほとんどゼロにまで減らすことができる．家庭用カメラなどを使う常温下では暗電流は数千倍多いが，それでも明るい被写体からの信号に比べるとずっと小さいので無視できる．CCD 検出器は，今の時代のスタンダードとなった．アレイの大きさはどんどん大きくなり，最も大きいものは現在のところ 4096×4096 ピクセルで，望遠鏡の像と比べるとまだまだ小さい．それでも，その優れた量子効率と操作が簡単なことから，超広角の像が必要な場合以外は，ほとんどの写真撮影に応用されている．

宇宙に周波数をあわせる

前述したように，光は電磁放射の中のごく一部にすぎない．だが地球の大気を通り抜けて地上に達しさらに人間の目で見える唯一の電磁波なので，非常に重要な部分だ．地球大気にはもうひとつの窓がある．その窓からは光よりはる

かに長い波長の電磁波が地球に到達する．電波だ．電波は波長数 mm から 10 m の長い波長のものまである．

電波のように波長が長くエネルギー量の低い光子の検出は，なかなか難しかった．太陽系外からの最初の電波検出は，1931 年のことだ．ベル研究所のカール・ジャンスキーが天の川銀河中心部が強い電波源になっていることを偶然に発見した．その後 1936 年に，グロート・レーバーがシカゴ郊外の自宅の庭に設置した電波望遠鏡で，北半球全域の走査を完成させた．だが実質的には電波天文学は，第二次世界大戦が終了し感度の高い電波検出器を作る技術を平和利用できるようになって，やっと天文学の道具としての道を見出したのだ．星の表面からはマックス・プランクの放射とはかなり違う過程で，電波が放射されていることがわかってきた．今では，低密度のガスは電子と陽子がぶつかりあうことで熱放射をしていることがわかっている．これがオリオン星雲の内部で起こっていることだ．その一方で高エネルギーのガスは，粒子加速器のように作用し，シンクロトロンと呼ばれる放射をする．電波天文学は現代天文学の中で最も成功した分野の1つであり，数々の興奮に満ちた発見をもたらしているが，1つだけ大きな制限があった．はっきりとした像が得られないのだ．

望遠鏡の分解能（見分けられる最小の像の大きさ）は，観測する波長を望遠鏡の口径で割った率で決まる．これは波の性質をもつ光が望遠鏡の端を通過するときに曲げられるためで，これ以上分解できないという限界のことを回折限界という．分解能がよければ，当然像はよくなる．第 10 章でお話しするが，地上では大気のゆらぎのために分解能は 1 秒（満月の直径は 1800 秒）よりよくはならない．これはつまり，光学望遠鏡は 10 cm あれば地球の大気が許す限りのシャープな像を結べるということだ．始めたばかりのアマチュアの天文家が手にできる大きさだ．ところが，もし電波天文学者が波長 21 cm（宇宙に最もたくさん存在する水素が発する電波の波長）を観測しようとしたら，直径 43 km の望遠鏡が必要になってしまう！

その口径の大きさに匹敵する質のよい像を得るには，反射面（光学望遠鏡ならアルミニウムの鏡，電波望遠鏡なら針金の網）は滑らかで，観測する波長にあった正確な形状をしていなくてはならない．ということは，10 m の光学望遠鏡よりも 10 m の電波望遠鏡を作る方が簡単だが，そこにできる像の大きさ

は，月の視角の数倍になってしまうことになる．現在の構造工学では，光学望遠鏡の質に匹敵するような巨大な電波望遠鏡を作ることは難しい．だが，複数の電波望遠鏡を組み合わせると，分解能は2つの望遠鏡の間の距離で波長を割ったものになる．このように複数の望遠鏡を同時に使うのを干渉法（インターフェロメトリー）と呼んでいる．干渉法で得られる像は1つの反射鏡で得る像ほど明るくはないし，像を引き出すのも難しいが，なんとかうまくいっている．最も大掛かりの電波望遠鏡は，ニューメキシコ北部の高地に作られた超大型干渉電波望遠鏡群（VLA：Very Large Array）で，27台の電波望遠鏡（それぞれ直径25 m）が同時に稼動し，地上の光学望遠鏡より10倍優れた像を結ぶことができる（図4.4）．VLAよりもっと大きく分解能の高い電波望遠鏡群もあるが，そこで得られる像には制約が非常に大きい．太陽や月の光，雲などに邪魔されることなく，昼夜の区別もなく広い波長域を観測できる電波望遠鏡は，1日24時間1年中観測することが可能だ．

手に望遠鏡ダコのない天文学者

　天文学者の中には，自分で山の上の天文台に行って観測しないし，宇宙望遠鏡の観測計画も出さない人たちがいる．それでも彼らは天文学者の中の重要なメンバーで，理論家もしくはモデラー（モデル制作者）と呼ばれている．理論家，モデラー，観測者の間にはっきりとした線を引くことはできない．ごく単純にいうと，理論家は最も基礎的な物理学を使って宇宙で起こっていることを頭の中で探険する人たちだ．通常この人たちは理論物理学を深く学んでいて，物理実験や望遠鏡を使った観測の経験はない．理論天文学者としては，物理学者のフリッツ・ツビッキーの名を挙げておこう．彼は中性子の存在が確認されてからたった1年後に，中性子星の存在を予測したのだ．理論家はそういった予測をかなり自由にできる．その予測や理論は，それを裏付ける証拠が見つかって初めて確証されるわけだが，理論家にはいつもなかなか都合のいい逃げ道が残っている．つまり，予測されたものが見つからないのは，正しい場所を正しいやり方で観測していないからだといえるのだ．

　モデラーは理論家に非常に近い．彼らは物理学と数学を深く学んでいるが，インスピレーションを得るためと，類例を集めるために観測結果を非常に重視

図 4.4　ニューメキシコ州にある超大型干渉電波望遠鏡群（VLA）は，個々の電波望遠鏡を距離を置いて設置することによって，電波望遠鏡に特有の分解能の低さを解決している．この写真では，各望遠鏡は一番近い距離に置かれている．最高の分解能を得るために，それぞれを 36 km の距離に離すことが可能だ．(National Radio Astronomy Observatory/Associated Universities Incorporated/NSF)

する．スブラマニアン・チャンドラセカールは 20 世紀最大の理論物理学者のひとりと言われているが，彼がノーベル物理学賞を受けた研究は白色矮星のモデル作りだった．白色矮星の一風変わった特性は何十年も知られていたが，チャンドラセカールは理論物理学と実験物理学からの新結果をうまく応用し，正しいモデルを作り出した．彼は白色矮星が何であるかを説明しただけでなく，

予測も行っている．太陽質量の1.4倍以上の星は中心核が崩壊して非常に小さくなると予測したのだ．これがツビッキーの中性子星の予測を裏付けるものとなった．このためチャンドラセカールは理論家とモデラーの両方に属する天文学者ということになる．

モデラーとしてもうひとりライマン・スピッツァーを挙げておこう．彼は物理学の深い知識を2つのかなり異なる課題，密度の高い星団の構造と，塵とガスからなる星間物質に応用した．どちらの研究でも大量の観測結果と基礎物理学を使って，球状星団や星間ガスの構造と進化に関する解釈を与えた．スピッツァーは，既知の物理法則を根本的に新しい現象に適用せず，むしろ事実と物理学を互いに引きつけようとしたのだ．

観測者（私もそうだが，望遠鏡を使ったり観測装置を作ったりするので手にタコができている）もまた，理論科学を使っている．実際のところ，自分で観測をしたあとその観測結果を解釈するのが一番楽しい部分だ．だが一度の人生にすべての分野の専門家になる時間を詰めこむことはできない．重要なのは，別々のフィールド間で積極的に共同で仕事をする関係ができていることだ．生物学用語で「共生」というのは，2つの異種の生物が一緒に暮らして互いに利益を得る状態だが，その共生こそが天文学研究のゴールとなっている．

第5章
快晴の夜の不透明な空

　月のない夜に，高い山の上か砂漠の真ん中から見る夜空の美しさは，息をのむほどだ．まるで手を伸ばせば星に手が届きそうで，空は想像できないほど暗い．光害が広がり空気が汚染されるにつれて，そういう空にはなかなかお目にかかれなくなり，大きな天文台は都会からどんどん遠く離れたところに作られるようになった．だが実をいうと，地上で一番星を見るのに適したところでさえ完璧とはいえない．宇宙からのすべての電磁波は，地球の大気を通過しなくてはならないからだ．そのため見えるものが制限されてしまう．

高エネルギー放射を遮るバリア

　地球大気は主に窒素分子と酸素分子からなり，他に炭素，水素，窒素，酸素の様々な組み合わせからできる複雑な分子が占めている．大気上層部では，酸素原子は地上付近で見られる2個の組み合わせ（O_2）から，3個の組み合わせでなるオゾン（O_3）に変化している．オゾンは高濃度だと有毒だが，高いところにあるので生命に直接の危険はない．だがこのオゾン層は地球の生命体に大きな影響力をもっている．波長200～300 nmの紫外線を吸収してくれるのだ．紫外線のその波長あたりが，光のスペクトルの中で最もエネルギーが強い．日焼け止めなしでこの強い放射にあたると，まずはひどい日焼けをし，最終的には皮膚がんになる確率が高くなる．日焼け止めクリームを肌につける

と，波長の長い光はそのまま通し，波長の短い高エネルギー紫外線の光を遮って肌を守ってくれる．オゾン層は，地球全体をすっぽりと覆う半永久的な日焼け止めなのだ．オゾン層なしでは太陽からの高エネルギー放射にさらされて，地球上の生物は生き延びることが難しくなる．近年オゾン層の重要性が広く認められるようになって，オゾン層の存在を脅かす，古い冷蔵庫に使われているフロンなどの化学物質を大気中に放出することに関して，国際条約が結ばれるようになった．オゾン層の他にも，酸素分子（O_2）や窒素分子（N_2）といった安定した分子が，もっと高エネルギーの放射を吸収している．結果として，地球の上からは，300 nm より短い電磁波は見ることができない．

低エネルギー放射を遮るバリア

地球大気に含まれる分子の多くが，低エネルギーの赤外放射を吸収できる．どこにでもあるのが水（H_2O）と二酸化炭素（CO_2）だ．H_2O は基本的に 1100 nm より長い波長の放射のほとんどを遮断し，波長 1 mm までの放射に影響を与えている．ただ，この赤外線を遮るバリアは紫外線のバリアほど鉄壁ではなく，波長によって大きな差がある．H_2O が吸収しなかった放射は，普通は CO_2 といった他の分子が残りを吸収する．だがそこにいくつも隙間があるので，天文学者はその「赤外線の窓」を通して，地上からでも赤外線を観測できるのだ．

ラジオの電波は非常に低いエネルギーの電磁波で，地球大気を通過できる．だが 10 m 前後以上の長い波長になると，別なバリアが現れてくる．オゾン層の外側にある電離層（イオン層）だ．電離層は地球大気上層部にある薄い層で，太陽光線によって分子や原子の多くが電子を奪われて，電荷を帯びている．電子を奪われたあとの原子や分子はイオンと呼ばれる（イオン層の名前はそこからきている）．電離層は，長い波長の電波を吸収したり反射したりしている．電離層の反射率は夜になると強くなるので，遠くにある AM ラジオ局の放送が聞こえるようになる．上に向かって放射された AM ラジオの電波が電離層で反射されて，地平線の向こうにまで届くからだ．一方で FM ラジオは波長が 3 m 前後なので，電離層を通って宇宙に向かっていってしまう．そのため FM ラジオはラジオ局を直接見える場所でしか聞くことができない．

大気の窓

　これまでに説明した3つのバリアから，地球大気には2つの窓があることがわかってくる．可視光（光学）の窓と電波の窓だ．可視光の窓は300〜1100 nm，電波の窓は1 mm〜10 mの波長の間にある．その窓のぎりぎりの境界あたりはどうかというと，その場所の条件による．可視光の窓の300 nmあたりの波長は海抜の低い場所にある天文台では観測できない．厚い大気の中にある大量の分子で光が拡散されて，オゾン層に遮断される周辺数百 nmのところの窓を閉めてしまうのだ．同じようにそこでは，電波の窓の短い方のぎりぎりのところはH_2Oに邪魔されてしまう．というわけでミリメートル波は乾燥したところでしか観測できない．

　進化の過程でほとんどすべての高等生物が目をもつことになったのは，ごく自然なことだったといえる．おかげで太陽からの豊富なエネルギーを使って，周辺の様子を遠くから知ることが可能になった．目のあるすべての生き物が使っているのが，可視光の窓だ．電波の窓を通って入ってくる光子は，エネルギー量が少なく，探知するのは非常に難しい．これまでの章で，望遠鏡や目の分解能は，入ってくる光の波長と望遠鏡や目のレンズの口径の比によるということを学んだ．つまり，可視光だけが見える目を発達させるのが現実的だったのだ．そうでないと，目は今よりは数千倍大きいものになってしまう．生命は最初は目がないところから進化したので，簡単な道を選んで目を進化させ，可視光の窓を通って入ってくる光だけを使ったのだ．可視光の窓は300〜1100 nmまで広がっているが，人間の目は420〜670 nmだけを使っている．そこは太陽からのほとんどの電磁放射が集中している部分になる．つまり目というのは，太陽からの放射と，その放射の地球大気中の伝わり方とを効率よく組み合わせてできたものなのだ．

　こうして見ていくと，他の惑星では生命はどのように進化するのだろうかという，答えのない疑問がわいてくる．ほとんどの星は地球の太陽よりはるかに温度が低い．プランクの法則によれば，そういう星の放射は低エネルギー赤外線放射だ．だが，そういう放射は探知しにくい．宇宙人の目は，その惑星の大気を通ってくる最も短い波長（最も高エネルギーの光子）を効率的に利用して

いるだろう．もしその惑星の大気がH_2Oを含んでいたら，宇宙人の目は近赤外を探知するために，地球人の目よりずっと大きいかもしれない．だがこの状況だと進化は別の道をたどり，離れた物体を探知するのに別の方法を使うことになるかもしれない．たとえば，まっ暗闇の洞窟でコウモリが使う音波探知などが考えられる．だがもちろん，もしどこかにそんな生命体がいたとしても，彼らが地球人を探そうとすることはありえない．音は，ほとんど真空に近い宇宙空間を通ることはないのだから．

　2つの大気の窓のおかげで，地上から電磁波の2つの領域を調べられるようになった．だが，天体は地球の大気の状況など完全に無視して電磁波を放射している．プランクの法則から，高密度のガスや固体から放射される電磁波のことがわかる．そういう天体からは非常に高エネルギーの短い波長や低エネルギーの長い波長が大量に放射されているはずなのだ．ということは，遠くの天体を見るとき，私たちはおそらくそこから実際に放射されている電磁波のほんの一部を見ているにすぎないということになる．そのために，ここ数十年ほど天文学者たちはこの2つの窓を広げ，赤外と高エネルギー領域に新たな窓を開けようと努力を続けてきた．

赤外域と紫外域にじわじわと進んでいく

　天文学の世界では，やっと最近になって大気に開けられた可視光の窓全体を利用できるようになってきた．写真乳剤の感度の高さのおかげで，目では見えない紫外域にも手が届くようになったが，オゾン層のために300 nmより先にいけなかった．CCDは紫外域を検出するのに特別の処理を必要とするが，最近ではごく普通に使われている．一方，赤外域を観測するのはずっと難しい．特別な処理をされた写真乳剤のおかげで，青の感度がこれまでの10倍にまで向上したが，写真にはどうしても限界がある．だが近赤外領域ではCCDがそのままで威力を発揮し，窓の境界ぎりぎりの1100 nmまで利用可能となった．

　大気中のH_2Oでブロックされている赤外領域までは，地球の表面近くからでもなんとか観測できるが，非常に乾燥した場所に行かなくてはならない．意外なことに，砂漠は水蒸気を避けられる最良の場所ではない．砂漠では，上空高いところにある大量の水蒸気が雲を作らないガスとなって存在していること

が多いためだ．地球上で最も乾燥した場所は，南極のアムンゼン・スコット基地だ．常に気温が低いことと，温暖な地域との間に空気の循環がないために，ここは驚くほど乾燥している．もちろん，この基地は遠くにあるという他に標高が高いし（2847 m），平均気温が真夜中で−49℃なので，観測するのは大変だし，お金もかかる．

乾燥した場所を見つける他の手段として，高空を飛ぶ飛行機を利用するというのがある．地球大気の最も低い層は対流圏というが，その内部では湿気を含んだ表層大気が自由に対流している．対流圏の最上層（対流圏界面）は赤道上で約17 kmの高さまであり，そこから両極に向かって少しずつ低くなってきている．アメリカ合衆国や日本のような中緯度地帯では，対流圏界面は約12 kmの高度にあり，そこまでは飛行機が望遠鏡を積んで飛んでいくことができる．この試みは，1960年代に，リアジェット社の小型ジェット機の非常脱出窓に小型の望遠鏡を取りつけて行われた．それに続いて，口径0.9 mの望遠鏡を軍のC–141ジェット機に乗せた．これはカイパー空中天文台（Kuiper Airborne Observatory）と名づけられ，各飛行で数時間の観測をしつつ，20年以上の間稼動した．カイパー天文台に続くのは，2.5 m鏡をボーイング747に乗せる試みで，SOFIA（Stratospheric Observatory for Infrared Astronomy：遠赤外線天文学成層圏天文台）と呼ばれる．これはアメリカ合衆国とドイツとの間の合同ベンチャーで，2010年から観測を開始している．

空の上からのすばらしい眺め

宇宙こそが宇宙を観測するのに最適な場所だった．そのため天文学は，宇宙に天文台を設置する可能性を探り始めた．ただ，宇宙からの観測というのは，地上での観測よりずっとお金がかかる．可視光と電波の窓の外側にあるバリアが隠している情報を得るためには，大気のはるか上に行かなくてはならない．こうしてこの半世紀ほどの間，半永久的天文台を設置する可能性や，高エネルギーのガンマ線から超長波の電波まで観測域を広げる可能性について，いろいろと考えられてきた．

その実現がおぼろげにも見えてきたのは，軍用ロケットのおかげだった．第二次世界大戦中，ドイツ政府は軍事目的でV2ロケットの完成を支援してい

た．そのチームを率いていたのは，卓越したリーダーであり有能なエンジニアだったウェルナー・フォン・ブラウンだ．フォン・ブラウンはもともと宇宙飛行に興味をもっていた．ドイツ政府が望んでいたのは，数百km先の目標に爆弾を落とすことのできるロケットだった．そのためには，弾道曲線の最高点で地球大気の上に出る必要がある．終戦後，連合国軍に没収された部品から数百のV2ロケットが組み立てられ，研究利用のためにアメリカ合衆国に持ち込まれた．ニューメキシコ州ホワイトサンズにある政府機関に基地を置いて，V2ロケットは大気圏上層部と，当時の観測機器で唯一観測可能な明るさだった太陽の研究のために科学者やエンジニア，国防関係者に開放された．ほぼ垂直に打ち上げられるV2ロケットは，宇宙からの景色を数分間だけ見せてくれたのだった．1952年までにはV2ロケットは使い尽くされ，このプログラムは終了したが，V2のおかげで宇宙からの観測が可能なことが明らかとなり，さらに後に続く小型ロケットの開発を奨励することとなった．その後，軌道衛星を打ち上げる時代になって，その技術は大いに役に立った．アメリカの宇宙開発は，1957年，旧ソ連が人類初の人工衛星スプートニクを打ち上げ，アメリカ国民を驚愕させたときから加速された．ロシア人がアメリカのもっていない技術をもっているという事実は，宇宙へ旅立つロケット建設への興味を沸き立たせたのだ．とりわけ，政府は人工衛星の打ち上げと，核兵器を目的地に落とすことを念頭に入れていた．1958年の1月までに，アメリカ最初の人工衛星が，戦後アメリカで仕事をしていたフォン・ブラウンのチームが開発したロケットを使って，打ち上げられた．天文学者たちはアメリカのV2プログラムに関係していたし，当時設立したばかりだった国立航空宇宙局（NASA）のプロジェクトの一環として，すぐさま，天体観測衛星の建設計画が浮かび上がった．

　その第1号となったのが，軌道上天文台（OAO：Orbiting Astronomical Observatories）だ．私は運よくOAO計画のごく初期に助手として参加することができた．これは，地球の大気で遮断される紫外領域を観測するものだった．3台の衛星が計画され，まずは星の光度測定から始めて，徐々に複雑な計器を積んで，最終的には高分解能スペクトル光度測定を行うことになった．OAO計画で一番難しかったのは，安定した方位維持，電力供給，地上からのコントロールだ．結果として，円筒形の衛星で，内部に各種の観測機器を乗せ

るものとなった．最初の天文台は観測を始める前に致命的な電力供給の失敗が起こってしまったが，設計を変更して，もう一度打ち上げて成功した（図 5.1）．続く天文台は，打ち上げの失敗で失われた．OAO 計画最後の天文台は，高分解能スペクトル計を積み込み，大成功に終わった．この成功から，欧州宇宙機関（ESA：European Space Agency）との共同事業となる国際紫外線探査衛星（IUE：International Ultraviolet Explorer）計画が生まれ，1978 年に衛星が打ち上げられた．この衛星は，ヨーロッパと合衆国とで交代で観測できるよう，大西洋の真ん中の静止軌道上に置かれた．IUE はほぼ 19 年間にわたってほとんど絶え間なく稼動し，宇宙天文学の門戸を広範囲の観測者に開いた最初のプロジェクトと言っていいだろう．

図 5.1　打ち上げ直前の軌道上天文台（OAO-A2）．八角形のシリンダーの中はからで，天文台を操作するためのハードウェアや望遠鏡，予備の装置などを入れるようになっていた．この写真は 3 機の同種の衛星中で最初のもので，次第に高性能の望遠鏡や装置が積まれていった．（Robert C. Bless and NASA/ESA）

有人宇宙飛行は，最初から天文学と深く関わっていた．ロケットエンジンを搭載した X15 は，高度 107 km という大気圏上層まで飛行することができ，長時間の観測が可能だった．X15 計画[*9] は 1959〜1968 年まで続き，最後の数年間，天文観測装置をコックピット後方に取りつけたプラットフォームに乗せていた．ジェミニ計画[*10] は，初の有人長期宇宙滞在ミッションとして，自由に天体観測に利用できた．ジェミニ計画の主要目的は，宇宙空間でのドッキングの技術を磨くことと，月に行くために人間が宇宙空間に長期滞在できることを証明することだった．さらに「宇宙遊泳」も含まれていた．この「遊泳」というのは，宇宙船のハッチから外に出て実際に宇宙の真空を散歩することだった．1966 年のジェミニ 11 号は，星の光を低分解能スペクトルに分離する薄いプリズムをつけたカメラを搭載していた．このプロジェクトはノースウェスタン大学のカール・D・ヘナイズが推進したものだった．後にヘナイズは自ら宇宙飛行士になったが，エベレスト登山中に死亡した．ジェミニ 11 号は多くの天文学者に多大な貢献をした．私自身，筆頭著者としてジェミニ 11 号の観測をもとにした研究論文を書いている．このときの研究で最もうまくいったのはオリオン座を対象にした 2 分露出の写真で，これによってオリオン座の長方形を取り囲むように広がるバーナードループの新しい姿が明らかになったのだった（図 5.2）．ジェミニ計画後も，天文学と有人飛行とのつながりは続いた．第 10 章で，私が 11 年間プロジェクト・サイエンティストとして関わったハッブル宇宙望遠鏡についてお話しする．ハッブルは，宇宙飛行士なしには存在しえないものだった．

　赤外線天文学もまた，宇宙科学の標的だった．最初の赤外線観測はやはりロケットで行われ，続いて赤外線衛星が打ち上げられるようになった．赤外線天文衛星（Infrared Astronomical Satellite）は 1983 年 1 月に打ち上げられ，冷たい天体[*11] からの熱放射の調査を行った．非常に限られた部分だけを徹底

[*9] ロケットエンジンを搭載したアメリカの超高速実験機計画．全部で 199 回の飛行が行われた．

[*10] アメリカの宇宙計画で，マーキュリー計画とアポロ計画の間に位置する．宇宙飛行士を乗せての飛行はジェミニ 3 号から 12 号まで．

[*11] 褐色矮星のような低温の星や，星間分子や惑星などの可視光では見ることのできない冷たい暗い天体は，赤外線で観測することができる．

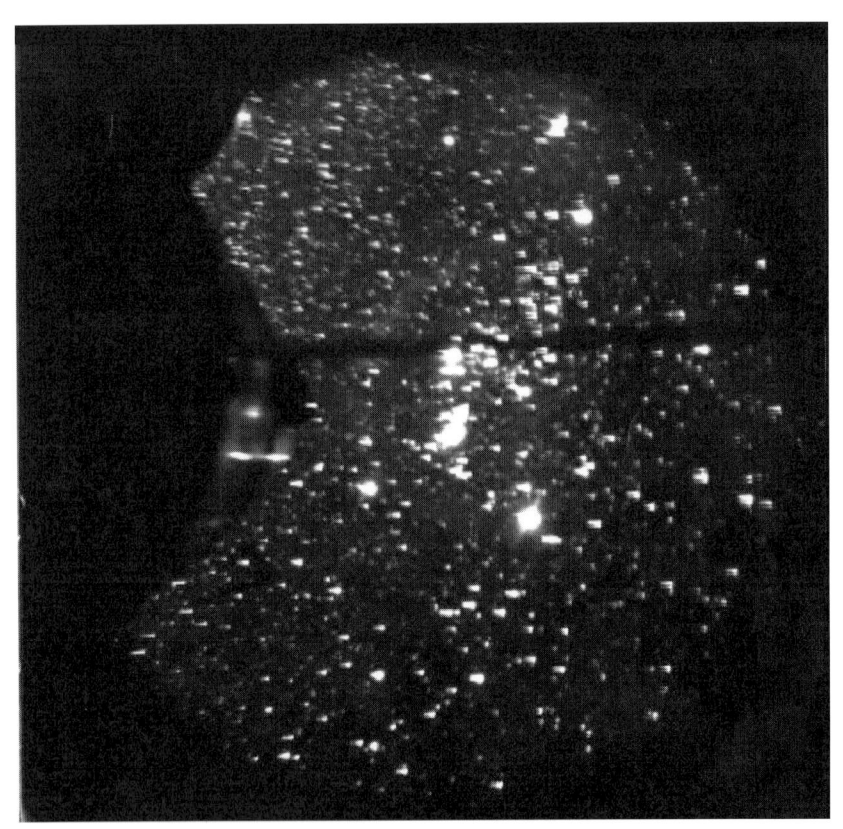

図 5.2　初めて宇宙で撮影された天体写真の 1 枚．2 人乗りのジェミニ 11 号がアジェナ宇宙船の上部にドッキングしたところだ．アジェナは写真の左側に写っていて，星の光を反射している．宇宙飛行士がハッチを開けて立ち上がり，青色と紫外域に特に敏感なフィルムを使ってこの撮影を行った．カメラはオリオン座の方向を向いているが，星座の形はちょっとわかりにくい．アジェナのアンテナが，オリオンの三ツ星の真ん中と西側の星を部分的に隠しているせいだ．フィルムは，人間の目より青に強く反応するため，写真中央の上の方にある赤い星ベテルギウスは非常に暗く写っているが，高温の青い星リゲルは右寄り中央で輝いている．写真中央部，オリオンの剣のところにある高温の若い星たちも，明るく写っている．（Karl G. Henize and NASA/ESA）

的に観測するミッションもあり，中でも宇宙背景放射探査機（Cosmic Background Explorer）は非常に長い波長だけでマッピングを行い，ビッグバ

ン以来の背景放射を観測した．現在までのところ最も意欲的な赤外線衛星計画は，ヨーロッパ赤外線宇宙天文台（European Infrared Space Observatory）といえるだろう．これは1995年に打ち上げられた2.5トンの衛星で，測光学，分光学の分野で大量の観測を行った．これまでに打ち上げられたすべての赤外線観測衛星は，他と比較すると寿命が短かった．観測に必要な低温度を保つために使われる液体や固体の寒冷剤が，1年ほどで蒸発してしまうためだ．NASAやESAのプロジェクトと平行して，アメリカ国防省が行った赤外観測プログラムもたくさんあった．その目的は天体観測ではなかったが，天文学者にとってありがたかったことは，こういった国防プロジェクトが，副産物として各種の宇宙望遠鏡に新しい可能性をもたらしたことだった．そこで得た技術は，次第に極秘計画以外にも使えるようになっていったのだった．

第 6 章

星はなぜ星なのだろう？

　星（恒星）とは何か？　一言で言うならば，重力的に結びついた自ら光る天体ということになるだろう．もちろんこれはごく一般的な星の場合で，これには当てはまらない極端な星もある．星は，地球上で起こっていることと同じように，基礎的な物理学によって説明できる．まずは，今，目の前で起こっていることを学び，そこから星の一生にまで考えを進めていこう．星は，永遠に変わらないと恋人たちに歌われているようなものではなく，その誕生から死にいたるまで常に変化し続けていることがわかってくるだろう．

巨大な数字をみてみよう

　地球から一番近くにある星である太陽については，多くのことがわかっている．比較的質量の少ない壮年の星である太陽は，それほど多くの光を放っているわけではない．他の星と比べてもごく平均的な星ではあるが，私たち人間のスケールでは，なかなか壮観なものとなっている．たとえば，太陽の明るさ（絶対光度）は 4×10^{19}（400 億の 10 億倍）MW（メガワット）．わかりやすいように比較してみると，地球上で人類が使っている電力の総数が 200 万 MW．100 W（ワット）の電球は，1 MW の 1 万分の 1 だ．太陽の質量は 2×10^{30} kg．これはだいたい大きな RV 車 10 億台分の 10 億倍のさらに 10 億倍にあたる．太陽の直径は 140 万 km．これは，ニューヨーク・ロサンゼルス間の距離の

300倍．まあ，こういう巨大な数字をあげ続けるのはこれくらいでやめておいて，これからは太陽を測るのに使われる一般的な科学的単位を使って，他の星の特徴を表していこう．

太陽や地球レベルの単位で表現するには大きすぎる天文学的な距離を表すときは，光年を使う．1光年は，地球と太陽の間の平均距離1億5000万km（1天文単位）の6万3241倍ある．温度を表すときに一般的に使う摂氏は，便利ではあるが，水の沸点と凝固点をもとにしたものにすぎない．最も理論的な温度の単位は，絶対温度と呼ばれ，ケルビン卿が導入したためKで表される．絶対温度0度では，物体はいかなる温度ももたない．絶対温度0度は摂氏マイナス273度にあたる．絶対温度と摂氏は同じ割合で増えていくので，水の沸点と凝固点の温度差は，絶対温度でも100度になる．

太陽はとても熱い．表面温度が5780K，中心部は1550万Kだ．太陽の表面温度に相当する温度は地球上では自然には起こらないし，実験的に起こすのも非常に大変だ．太陽内部の温度は核爆発といった核反応によってのみ，ごく短期間に起こすことが可能なだけだ．

まずは重力から

星の内部で何が起こっているかを理解するために，まずは月と惑星の動きの説明から始めよう．すでに述べたように，16世紀の初めに，ニコラウス・コペルニクスが太陽を中心に円軌道で回っている太陽系説を発表した．このコペルニクスの説は，17世紀に入ってガリレオ・ガリレイが木星のまわりを回る衛星を発見したことで，ついに認められるにいたった．その後，ティコ・ブラーエの正確な惑星運動の観測をもとに，ヨハネス・ケプラーがはるかに正確な太陽系のモデルを作り上げた．1619年に完成したこのモデルの中でケプラーは，惑星軌道は楕円軌道であり，軌道上の惑星のスピードは場所によって違っているという一般論を打ち出した．ケプラーが成し遂げた仕事はすべて観察結果をもとに生まれたもので，それはモデルではあったが，根本的な基礎となる法則を示してはいなかった．

やがて，17世紀の終わりにアイザック・ニュートンが確立した力学の法則によって，太陽系の天体の動きは解明された．ニュートンはすべての物体間に

は互いにくっついていなくても，引きつけあうある力が存在していることを発見したのだ．
　この引き合う力は2つの物体の質量に比例し，物体間の距離の2乗に反比例する．互いにくっついていない離れた場所にある物体間に働く力という考えは革命的であり，力学の大きな躍進だった．これは万有引力の法則と呼ばれ，次の数式で表される．

$$F = GM_1M_2/r^2$$

　Fは万有引力の大きさ，rは2つの物体間の距離，M_1とM_2は物体の質量，Gは万有引力定数で，使う単位によって違ってくる．万有引力は非常に弱い力で，物体の質量が途方もなく大きいときにだけ明白になる．私たちが地球の上にとどまっていられるのは，身体が地球の中心部に引きつけられているからだ．月が地球に落ちてこないで軌道にとどまっているのも，この法則で説明できる．
　ニュートンが最初に確立した法則は，安定軌道上の物体は2つの力が平衡状態にある，ということだった．月を地球に引きつけようとする重力は全く同じ大きさで，反対方向に働く力である遠心力と釣り合っている．図6.1で，その作用を説明しておく．遠心力は動いている物体がそのまままっすぐに動き続けようとする慣性によって生まれ，それがもう一方の物体から引き離そうとする力になる．月のまっすぐに進もうとする慣性から，外側に向かおうとする力が生まれ，その力が重力と釣り合っているのだ．楕円軌道上の物体の場合は，楕円軌道の一番遠いところにいるときは重力の力が弱くなるので，それに釣り合うために物体はゆっくりと移動することになる．
　この単純明快な万有引力の法則は，太陽を回る惑星の動き，惑星を回る衛星の動きをあっさりと説明し，ケプラーが観測結果だけから導き出した惑星の動きに関する法則に，根本的な解釈をつけ加えてくれた．万有引力の法則は，まさしく万有だった．つまり，ありとあらゆる物体に働いているのだった．ただし，それが2つの物体間に働く一番大きい力ではない場合もある．原子核のまわりを回る電子は，電子と核の間の相反する電荷が引き起こす静電気の引き合

遠心力(M_2v^2/r)
速度(v)
M_2
重力
(GM_1M_2/r^2)
M_1
物体間の距離(r)
軌道

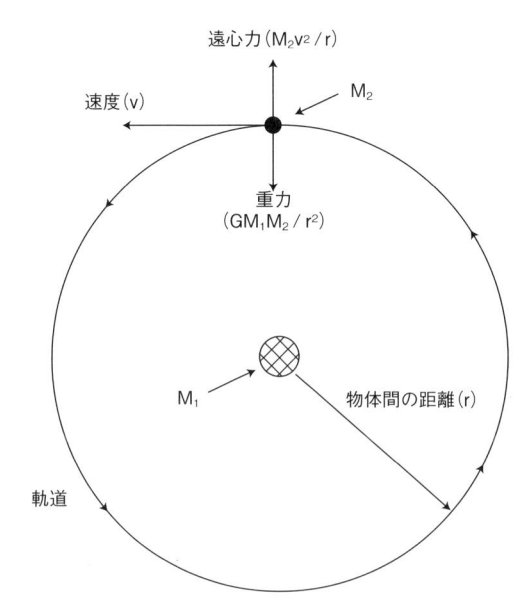

図 6.1　物体は，互いに働く力がつりあっていれば，お互いのまわりを回り続ける．大きな物体間の場合，引きつける力は重力で，力の大きさは物体の質量と物体間の距離による．外側に向かう力（遠心力）は動いている物体の質量，速度，中心にある物体からの距離による．ひとたびこの平衡状態に達すると，第三の物体に邪魔されない限り，この軌道は基本的に安定する．

う力によってつながっている．私たちの身体の中の分子や地球上の固い物質は，重力とは全く関係なく，原子レベルでの静電気の電荷によってつながっている．ただ，肉体は全体としては静電気的に中性となっているために，重力によって地球につながっているのだ．

大気がそこにある理由

　大気中の科学組成に関する環境的問題を別にすれば，私たちは大気に関しては何の不安ももっていない．大気が宇宙空間に逃げていってしまうとか，反対に足首のあたりにまで落ちこんでしまって，呼吸ができなくなるなどと心配したりしない．これは地球の大気が，月がその軌道上にいるのと同じように，平衡状態を保っているからだ．内側に向かう力はもちろん重力．地球は大気中のすべての原子を地球中心部に引きつけようとしている．だが，反対方向の力は慣性によってもたらされる遠心力ではなく，全く別の力．軌道上の天体は機械的平衡を保っているのに対して，地球の大気は流体的平衡の中にいる．

　圧力が変わると，気体の中の原子や分子は圧力が高い方から低い方に移動す

る．タイヤに穴があくと，中の空気が抜け出すことを考えるとわかりやすいだろう．つまり気体は流体的平衡方向に移動するということだ．地球の大気は，宇宙空間の真空に比べるとはるかに圧力が高い．ということは，大気にはつねに宇宙空間に向かっていこうとする力が存在している．ありがたいことにこの外側に向かう力は，地球の内側に向かう重力と釣り合っている．この状態が流体的平衡状態だ．もっと厳密にいうと，空気の濃度（つまり圧力）は大気の最下層が最も高く，高度が上がるにつれて少しずつ減少していっている．だからこそ高い山の上では呼吸困難になるし，ジェット機は高度が高いほどスピードがでるというわけだ．

星をひとつにつなぐもの

　星もまた気体であるために，地球大気と同じ流体的平衡が星を1つにつないでいる．ただ，ほとんどすべての原子が結合して分子になっている地球大気と違って，星の内部は高温であるために，分子はあるとしても星の外側にしかない．もうひとつ大きな違いは，星は全体が気体状であるということだ．地球大気は地球自体に比べればわずかな質量しかなく，固い地球に重力的に捕えられている．一方，星には固体の部分が全くない．そのため，星は外側の大気から中心部にいたるまで常に変化し移動し続けている．星というのは重力的に結びついた球体だ．星内部のどの点をとっても，その点より上にある物質を支えることができる圧力をもっている．圧力の大きさは，気体の温度とそこに含まれる粒子の量の積になるので，星内部のある点の圧力は，そこの温度と粒子の数の両方によって決定される．星の内部に奥深く進めば進むほど，その点より上にある物質の量が増えるため，圧力は中心に向かうほど高くなっていく．ということは，温度と密度も上がっていくということだ．太陽の場合だと，中心部の温度は外側の2700倍，密度は，外側が地球大気よりはるかに薄い0.02％で，中心部は水の密度の148倍という高密度にまで変化している．この激しい変化は，すべて星の重力によるものだ．星の質量が小さければ中心部の温度は低くなり密度も低くなる．質量が大きければ，これらの数値は劇的に増加する．

星を支えるもの

　星が光を放射している，ということはエネルギーを使っているわけだから，このエネルギーを補給する手段がなければ，星の一生は非常に短いものになるだろう．地球の太陽はあっという間にエネルギーを使い果たしてしまうことになる．このエネルギーのもとは，星の内部にある原子核にある．星は自らの重力により，内部の温度と密度が核融合を起こすほど高くなっている．原子核は常にプラスの電荷を帯びていて，同じ電荷同士は反発しあうものだから，核融合というのは極限状態でなくては起こらない．非常な高温下では各原子核は高速で動くようになり，反発しあう力をしのいで融合が起こる．太陽や他の星の内部で最も大量に存在する元素である水素の場合，最終的に4個の水素原子が核融合して1個のヘリウム原子を作る反応が起こる．この天上界で起こる錬金術がすばらしいのは，ヘリウムの原子核は，それを作っている水素の原子より0.7％少ない質量しかもっていないということだ．この失われた質量がアインシュタインの有名な式 $E=mc^2$ に従ってエネルギー（E）になる．この式で m は失われた質量，c は光の速度だ．4個の水素原子が1個のヘリウム原子になるときに得られるエネルギー量は小さいものだが，太陽内部にある莫大な量の水素は，現在の太陽の年齢の2倍の長さをまかなえるほど十分ある．

　太陽よりも質量の大きい星だと，星の内部ではもっと激しい反応が起こっていて，そのために核の燃料を速いスピードで使い果たしてしまう．図6.2を見ると，星の質量が大きくなると光度が増す割合が激しくなるのがわかる．星の質量を推定するのはなかなか難しく，連星[*12]の場合だけ直接測ることができる．それ以外の星の場合は，星のスペクトルから表面温度を割り出し，みかけの明るさとその星までの距離から実際の光度を割り出すことで質量を推定する．星の内部で核融合が起こっていることが発見されるずっと以前，この星の明るさと質量の関係がわかった頃，ほとんどの星は表面温度と明るさの関係を示した図の一本の線上を通って進化していくのだと思われていた．それを図

---

*12　2つの星がお互いのまわりを回り合う連星の場合，その動きを観測することで，それぞれの質量を求めることができる．

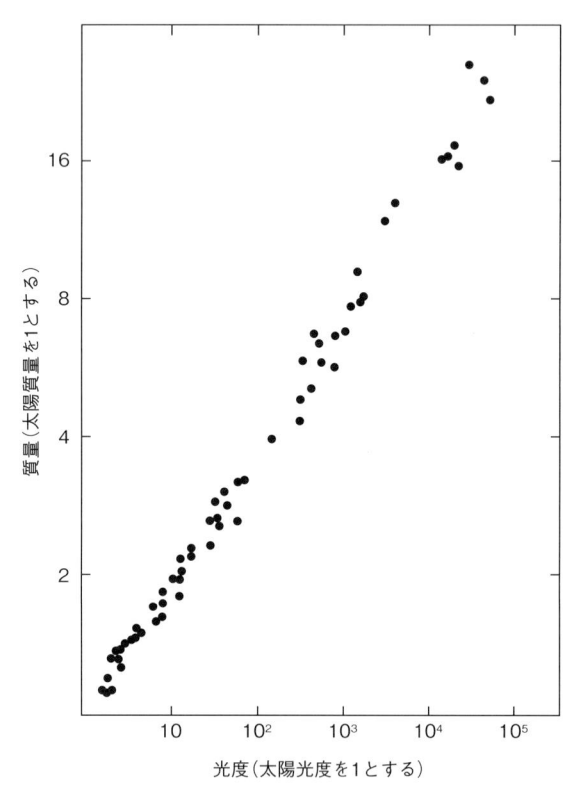

図 6.2 質量の大きい星は，内部の重力が大きいために，中心部の温度が非常に高くなる．その結果，水素燃料を燃やすスピードがはるかに速くなる．この図は，主系列星の質量と光度の関係を示している．地球の太陽の 10 倍の質量の星は光度が 2000 倍もあることがわかるだろう．

6.3 に示す．今ではこの線は，それぞれ違う質量の星が内部で水素からヘリウムを作り出して安定状態にいることを示しているのだとわかっている．この図は 20 世紀の初めに，デンマークの天文学者アイナー・ヘルツシュプルングと，アメリカの天文学者ヘンリー・ノリス・ラッセルがほぼ同時に，それぞれ独自に導き出したものなので，今ではヘルツシュプルング・ラッセル図，略して HR 図と呼ばれている．HR 図の上で，星が中心部で水素を燃やしている状態

を主系列と呼ぶ．水素を燃やしている状態は星の一生の中で最も長い期間にあたるので，ほとんどの星は主系列上にいることになる．

燃料を燃やし尽くしたらどうなるか？

　星の内部で核燃料が燃えているということは，星は非常に長いその一生を通して変化し続けているということだ．これを星の進化と呼ぶ．普通生物学的進化というのは，ある生物のグループ全体の進化をさすが，この場合は個々の星の変化のことをいう．

　星の進化は中心部で水素を燃やしてヘリウムを蓄えつつ，最初は非常にゆっくりと進む．ひとたびヘリウムの芯ができあがると，温度と圧力が十分高くなった芯の外側で水素が燃え始める．外側で水素を燃やしつつヘリウムの芯は縮んでいき，中心部の温度と密度が上がっていく．

　この段階では，星の中心部にあるヘリウムは不活性の状態だ．水素の原子核は1個のプラス電荷をもっているだけだったのに対し，ヘリウムの原子核は2個のプラス電荷をもっているため斥力が大きくなり，ヘリウム原子核同士の衝突を起こす条件が，水素原子核の衝突と比べると厳しくなっているためだ．しかし星の中心温度が1億Kに達すると，中心部のヘリウムに核の火がついて3個のヘリウム原子核から炭素原子ができ，星はまたその構造を変えていく．今度は星の内部で2つの燃料が燃えている．中心部でヘリウムが，その外側で水素が燃えているのだ．やがて中心部が炭素になり，その外側でヘリウムが燃え，さらにその外側で水素が燃えているという状態になる．太陽や，太陽の数倍くらいの質量の星は，次のステージである炭素が燃えるほど温度が上がることがないので，ここで核の燃料が尽きてしまう．だがもっと質量の大きい星だと，炭素のような重い元素が燃えるに十分なほど中心部の温度が上がり，このようにして次々と重い元素ができていく．大質量星だと進化が進むにつれて星の内部がいくつもの層に別れて，それぞれ違う燃料が燃えているというタマネギのような構造になって，なかなか壮観だ．大質量星はやがて中心部に鉄を作る．質量の大小にかかわらず，星は次第に燃料を使い果たす．なぜなら，低質量の星はそれまでに中心部にできた燃料を燃やすほどに熱くならないし，大質量星だと最後にできた鉄を燃やすには，エネルギーを作り出す代わりにエネ

ギーを消費してしまうからだ．いずれにせよ，星はやがて崩壊を始める．一番重い星は最後にブラックホールとなる．それよりいくらか軽い星は中性子星となる．質量が太陽くらいかそれより数倍重いだけの星は，白色矮星となる．

星の進化のスピードはその質量によって全く違ってくる．太陽は100億年分の質量をもっている．太陽の5倍の質量の星は5倍の燃料をもっていることになるが，明るさが380倍ある．つまり380倍の速さで燃えるので，太陽の380分の5，1億3000万年で燃料を使い果たしてしまう．同じように，太陽の10倍の質量の星は4000万年，オリオン星雲内の一番明るい星のように太陽の37倍の質量の星だと，たった300万年分の燃料しかない．人類が進化するのと同じ程度の時間だ！

星の年齢

星の進化が進み内部がどんどん複雑になっていくにつれて，星は図6.3に示すように主系列を離れて矢印の方向に移動していく．質量の重い星だとその動きは図に示すよりもっと複雑になっていて，2歩進んで1歩戻る，というような進み方だ．2歩進んだあとの戻る1歩は，別の新たな核の燃料に火がついたことを意味している．その1歩にかかる時間は進化につれてだんだん短くなってくる．太陽くらいの質量の星だと，その進んだり戻ったりするダンスのステップ数は少ないものの，各動きは複雑だ．まず星の中心部にできたヘリウムの芯が不活性ですぐ外側の殻で水素が燃えているとき，温度の下がり方は少ないが，星は大きく広がって光度が1万倍にもなるので，主系列を離れて右上の方に移動する（2歩進む）．そこでヘリウムの芯に火がつくと，星は劇的に縮小しHR図上の主系列の近くまで戻る（1歩戻る）．中心部でヘリウム，そのすぐ外側で水素が燃えている間，星は安定してエネルギーを放出するが，この段階は水素だけが燃えていたときと比べると短い．そしてその後，星はやはりHR図の右上の方に移動していく．このとき星の表面温度は下がっているが，ヘリウムが燃えて重い物質を作っている中心部は高温だ．中程度の重さの星はこれ以上重い物質を作る段階に進むことはなく，星は急激に崩壊し白色矮星になる．白色矮星は，大きさは地球くらいだが質量は太陽の3分の2もある．一方，もっと重い星の場合は中心温度が高いので，複雑なダンスステップを踏み

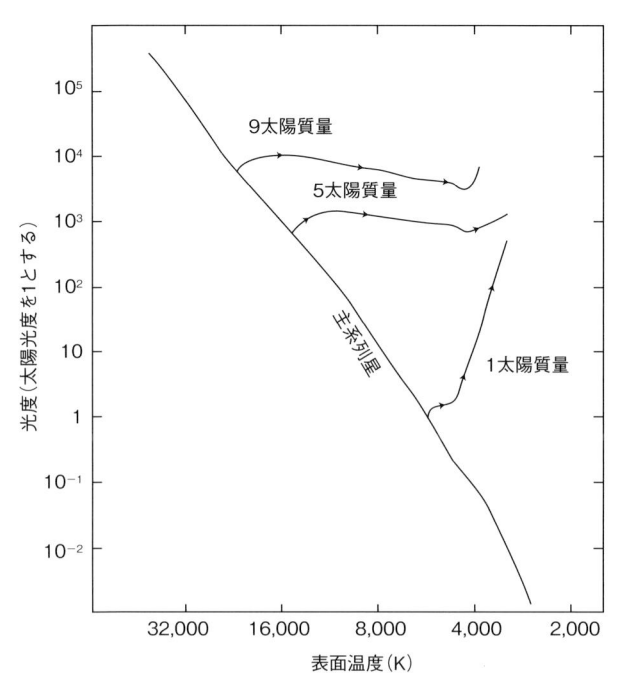

図 6.3　星は中心部で水素の燃料を消費するにつれて，大きさと明るさを変えながら，主系列から離れていく．質量の大きい星はその分明るいので，それだけ早く燃料を使い果たす．

ながら，次々と重い物質を作っていくことになる．だがどんなに重い星でも，やがては燃料を使い果たすときがくる．そしてあとに中性子星ができる．中性子星は太陽の数倍の質量を直径 10 km にまで押しつぶしたほどの高密度になっている．

　さて，白色矮星ができると星の外側の層がゆっくりと星から離れていく．ここで高温の白色矮星が，この広がっていくガスの外殻を光らせるのだ（図 6.5a〜6.12）．このメカニズムについては第 7 章で説明する．この数万年間輝き続ける外殻は，惑星とは全く関係がないのに惑星状星雲という間違った名前をつけられてしまった．最初の惑星状星雲が発見された頃に，やはり小さい望遠鏡で発見された天王星と同じように見えたからだ．白色矮星と比べると中性子星

のでき方ははるかに激しい（図6.13）．星は短時間非常に明るくなり（超新星と呼ばれる），星の外側の層を秒速数千kmの速さで放出する．最も重い星の場合，超新星爆発に続いて最後に残るものはブラックホールだと信じられている．ブラックホールは大きさに比べて重力が非常に大きいため，光でさえもそこから逃げ出すことができない．

　ありがたいことに，星が星団に属している場合にはその星の年齢を調べる方

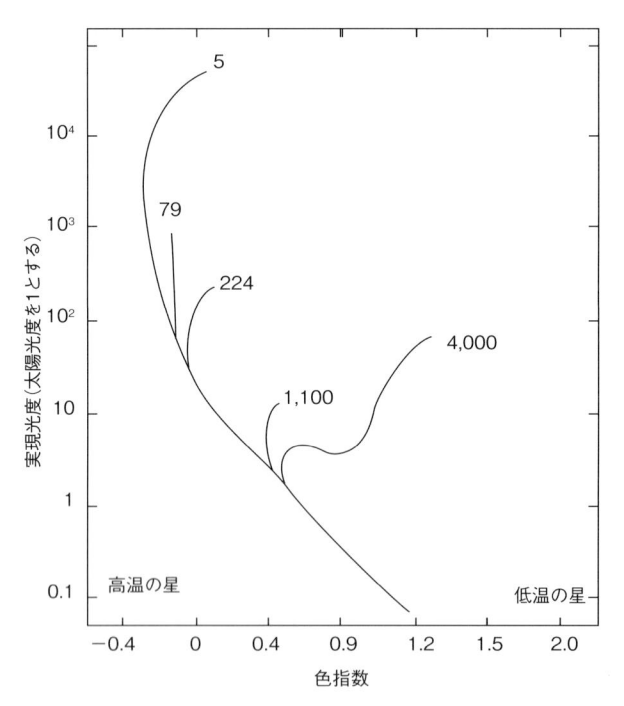

図6.4　HR図を色と明るさで書きかえたもの（縦の線の上にいくほど明るくなり，横の線の左にいくほど温度が高くなっている）．色指数は，高温の星は青，低温の星は赤を示す尺度だ．各ラインは，それぞれの星団に属する星たちの位置を示している．同じ星団に属する星は，同じ年齢だが，質量が違っている．質量の大きい星は主系列から早く離れていくために，星の分布は，星団の年齢によって違ってくる．この図では，星団の年齢を百万年の単位で示している．

法がある．同じ星団の星はすべて同じ年齢だ．中心部で水素が燃えている段階の終わり頃には星はHR図の上を飛び回ったりはせず，むしろゆっくりと主系列から離れていく．同じ星団の中にはいろいろな質量の星がいる．質量が大きければ，それだけ早く主系列から離れていく．星団の年齢よりも主系列星として中心部で水素を燃やしている時間が短かった星は，すでに主系列から離れているし，ゆっくりと水素を中心部で燃やしている星はいまだに主系列にとどまっている．つまり一番早く進化した星が，主系列から一番遠く離れていることになる．

　こうしてHR図上で1つの星団内部の星を調べると，その星団の年齢がわかる．一番質量の軽い星が主系列から離れたときを調べれば，それがその星団の年齢だ．図6.4に天の川銀河内の星団について調べた結果を示す．各星団を示す線は一番上のほうで終わっている．それより重い星はすでにさらに進化して，進化の最終段階の暗い星になってしまっているからだ．図6.4では，一番古い星団は40億歳で，最も若い星団は500万歳でしかないことがわかる．銀河系で一番古い星団は球状星団で，100億歳だ．

　このようにして，天文学者たちは星がどのように生まれ進化するかを理解してきた．そして星の年齢は千差万別で，星の誕生と死は今も続いているということがわかってきたのだった．

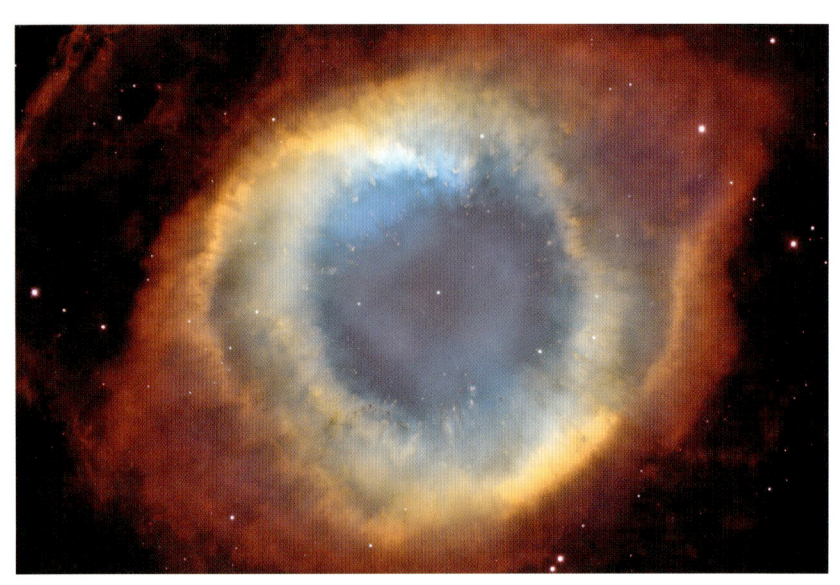

図6.5a　NGC7293（らせん星雲）は私たちから一番近くにある明るい惑星状星雲だ．非常に近くにあるおかげで，遠くからでは見えない構造がよくわかる．星雲を形作るほとんどの物質は，地球からほぼまっすぐに見上げている不規則な円盤部に集中している．中心にある白色矮星の周辺には，現在では物質はあまりない．だが，中心部分が穴のように見えるのはフィルターによる影響で，ハッブル望遠鏡とセロ・トロロ汎米天文台で写した写真を組み合わせたこの写真では，その部分にある高イオン化されたガスが写っていないためだ．最も古い惑星状星雲の1つで，約6600年前にできた．一番外側のアーチは1万2000年前に放出されて広がっていくガスが，星間物質の中にある静止したガスとぶつかってできたものだ．（著者，Cerro Tololo Interamerican Observatory, NASA/ESA）

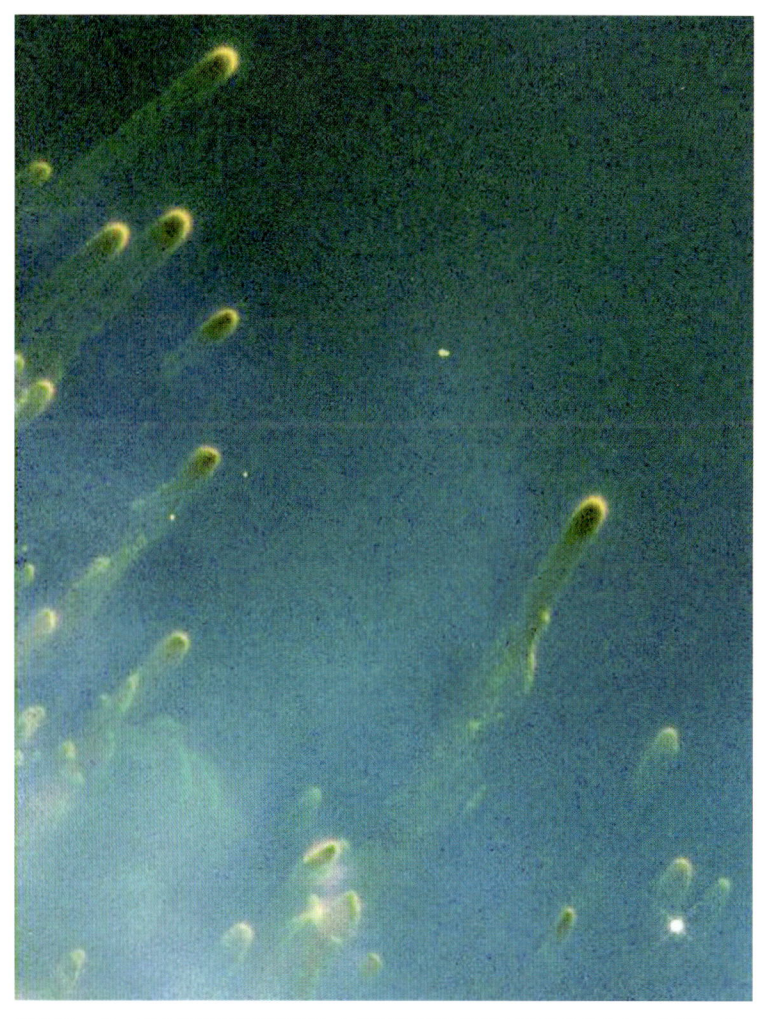

図 6.5b ハッブル宇宙望遠鏡で写した NGC7293 の拡大写真を見ると，広がっていくガスの外殻の中に，塵とガスでできた何千もの球状の塊が見える．この各塊には，地球の 10 倍もの物質が含まれているが，大きさは太陽系の 5 倍の広さがある．（著者，NASA/ESA）

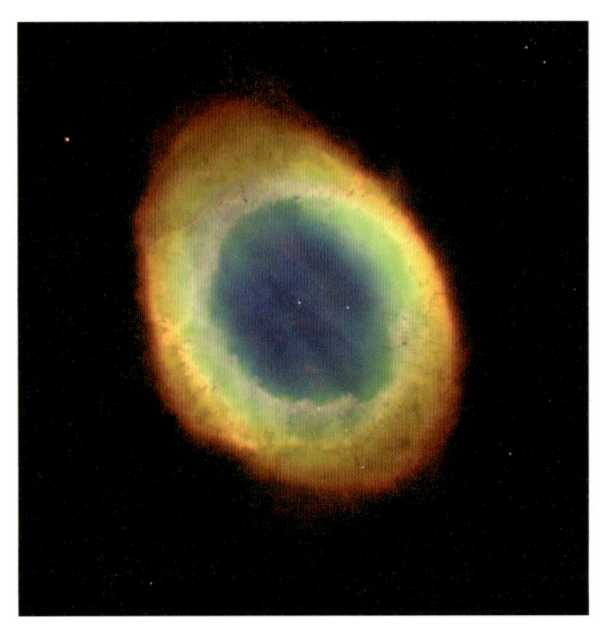

図6.6　4500年ほど前に生まれたNGC6720（環状星雲）は，アマチュア天文家のお気に入りの惑星状星雲だ．三次元構造はNGC7293と非常によく似ている．ハッブルのこの写真は，今までに写された写真の中では，最も細部まで詳しく写っている．著者がハッブルを使って10年近くの間隔をあけて写した写真から，明るさとしては中程度の環状星雲の正確な年齢を割り出すことができた．（Howard Bond and the Hubble Heritage Team (Space Telescope Science Institute), NASA/ESA）

図 6.7 NGC6853（アレイ状星雲）は，らせん星雲や環状星雲と非常に似ている惑星状星雲だが，ほとんど真横から見た姿だ．年齢は，らせん星雲と環状星雲の中間くらい．このハッブルの写真は星雲の一部分で，写真中央部左上から右下に斜めに見える白っぽいお化けのような形状の中を見ると，らせん星雲や環状星雲の中にあるような密度の高い暗い球状の塊に分かれ始めていく様子がわかる．（著者，the Hubble Heritage Team（Space Telescope Science Institute），NASA/ESA）

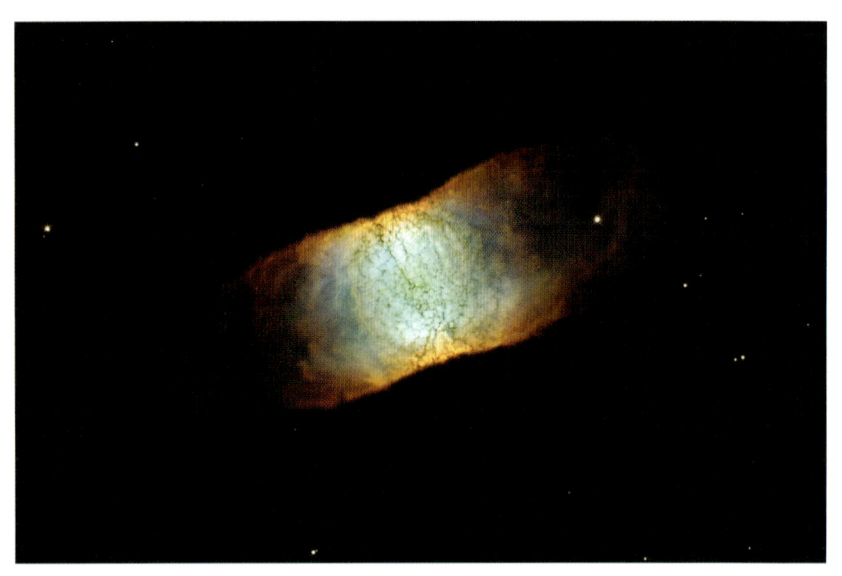

図6.8 IC4406（網膜星雲）も，中程度の年齢の惑星状星雲だ．ハッブルの写真からは，そのみかけにだまされてしまうが，実際の三次元構造は円盤とその上下に広がる物質からなっていて，らせん星雲，環状星雲やアレイ状星雲と似ている．ただ，それをほとんど真横から見ているのだ．円盤はこの中心部で，左斜め上から右斜め下の方向に伸びている．円盤内部のほとんどの物質は見えていない．円盤内部の物質の量があまりに多いので，円盤の一番内側だけが光電離している（その部分は，黒いくっきりとした線でわかる）．円盤から垂直に広がっているすべての物質は見えている．暗いラインは星雲内の塵とガスから生まれ，やがて古い惑星状星雲に見られるような塊に分かれていく．（著者，the Hubble Heritage Team（Space Telescope Science Institute），NASA/ESA）

図 6.9 まだ若い惑星状星雲 M2-9 は，ハッブルの写真から蝶星雲というニックネームをもらった．だが実際には IC4406 と同じように，ほぼ真横から見ていて，熱い中心星からの放射で円盤の一番内側だけが光っているのだ．違っているのは，M2-9 では，濃いガスと塵の円盤に垂直な両極方向に，たくさんの物質が流れ出して蝶のように見えることだ．(B. Balick (University of Washington), NASA/ESA)

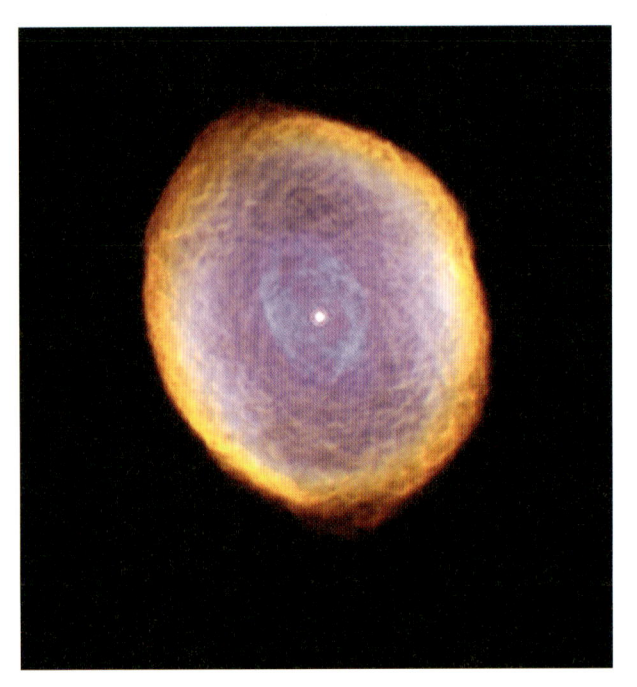

図6.10　スパイログラフ星雲IC418は，球形の惑星状星雲として分類される中では，ちょっと変わっている．このハッブルの写真を見ると，広がっていく外殻がたくさんの細かい部分に分かれていっていることがわかる．(R. Sahai (JPL) and A. Hajian (United States Naval Observatory), the Hubble Heritage Team (Space Telescope Science Institute), NASA/ESA)

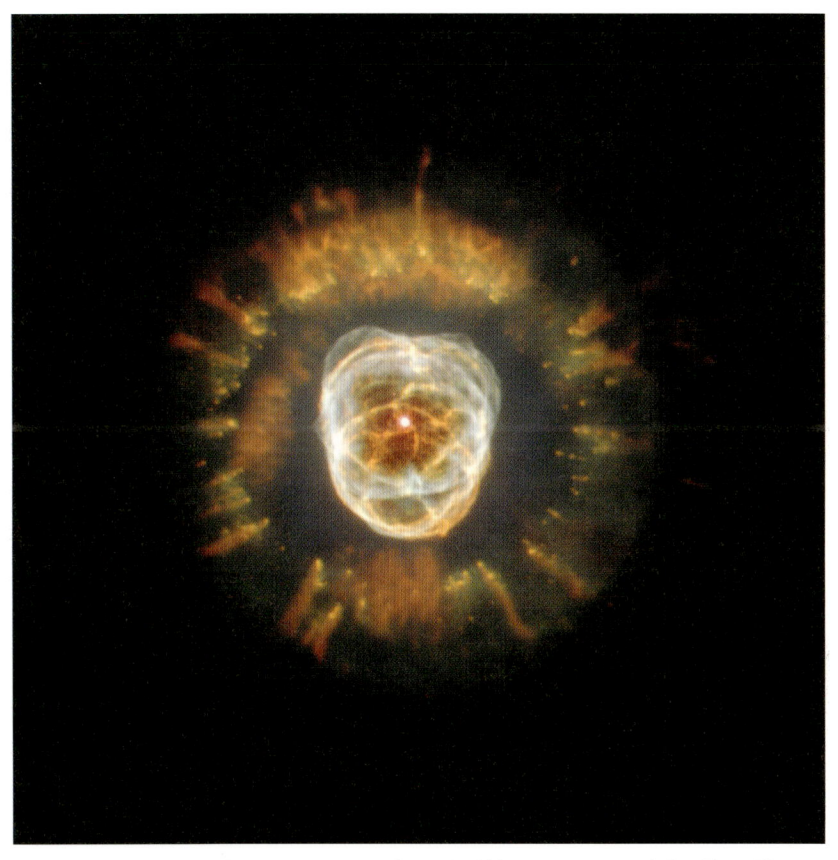

図 6.11 エスキモー星雲 NGC2392 は，地上の望遠鏡で見ると明るい中央の楕円形部分が毛皮のついたフードをかぶったアメリカ原住民イヌイットの顔に見えることからこの名前をつけられた．ハッブルの写真で見ると，それは中心星の外側から何度もの放射があった結果だということがわかる．スポークのような放射状のものは，中心星からの放射が内側の物質の殻にできた小さい穴を通って先までつきやぶってでてきたものだ．(Andrew Fruchter (Space Telescope Science Institute)，NASA/ESA)

図 6.12 キャッツアイ星雲 NGC6543 は，その名の通り，ねこの目のような多層構造をしている．このハッブルの写真から，主星が白色矮星になりつつある最終段階寸前で，ゆっくりと鼓動しつつ物質を何度も放射してきたことがわかる．複雑な構造は，この何度にもわたる放射と，様々な原子が主星からのいろいろな距離で励起されたことの結果だ．(R. Corradi (Isaac Newton Group of Telescopes, Spain) and Z. Tsvetanov (NASA), the Hubble Heritage Team (Space Telescope Science Institute), NASA/ESA)

図 6.13 かに星雲 NGC1952 は，1054 年に肉眼で見えた超新星の残骸で，今も最も明るい．繊維状のフィラメントは巨星が崩壊していくときに秒速数千 km の速度で放出された物質の殻だ．この爆発の結果，毎秒 30 回脈動する中性子星ができた．この中性子星は肉眼でみることができる．星雲の中心部近くにある 2 つ並んだ星の右下の星がそれだ．(J. J. Hester and A. Loll (Arizona State University), NASA/ESA)

第7章
ベングト・ストレームグレンの球体

　空の暗いところで天の川をよく見ると，川は平坦に単調に流れているのではなく，流れの真ん中あたりに沿って暗い帯が走っているのがわかる．その暗黒帯が星のない場所なのか，それとも星の光を覆い隠している何かが間にあるのか，1世紀以上もの間議論されてきた．19世紀の初めに，ウィリアム・ハーシェルが星の間には何かの物質が広がっていて遠くにある星の光を遮っているという考えを発表したが，証明はできなかった．1930年代になりやっと星の間は完全な真空ではなくガスや塵が広がっているという理論が一般的になった．といっても大量のガスや塵のことではない．宇宙空間のガスの平均密度は $1\,cm^3$ に1個の原子でしかない．地球の大気密度は $1\,cm^3$ に 2.5×10^{19} の分子であることと比べてみるといいだろう．塵の方は平均すると 100 万 m^3 に1粒の塵がある程度だから，どんなにきれい好きな主婦だって全く気にもかけないだろう．ただ星との間の距離が途方もなく大きいのでその間にあるガスと塵の量も多くなり，全体として天の川の星の全質量の数パーセントにも達することになる．塵の存在は，地上で霧が出ると視界が悪くなるように，遠くからの星の光が遮られ赤っぽくなることでわかるし，ガスはスペクトル線を調べるとわかる．

　さて，この塵とガスの密度が特に高くなっている場所があって，そこが実に面白いのだ．天体望遠鏡が発明されるとすぐに，どんなに高倍率にしても星

第 7 章　ベングト・ストレームグレンの球体

図 7.1　T.E. フックが 1950 年代に，それより 10 年前に開発された全天カメラを使って南アフリカで写した天の川南部の写真．天の川に沿って，暗黒帯がいくつもあるのがわかる．最も目立つのは，カメラを支えている 3 本のアームのうち上のアームのすぐ右側にある「石炭袋」だ．

分解しない拡散した光の雲があることがわかった．それは実際に宇宙空間の物質の雲だろうと思われたが，証明のしようがなかった．その雲は非常に暗い星の塊で，暗すぎて個々に分解できないだけだという意見もあった．雲であることを間接的に肯定したのはハーシェルで，彼はある種の星雲には常に中心に 1 つ明るい星があることを発見した．となるとこの拡散した光が星ということはありえないわけだ．結論が出たのは，19 世紀の中頃で，オリオン星雲をはじめとするいくつかの星雲を分光器で調べて，輝線が出ていたことで決着がついた．それは実験室でガスを励起(れいき)させたときに出る輝線と同じだった．輝線スペクトルのない星雲もあって，その正体は写真乳剤が進化するまでわからなかった．輝線のない星雲は，近くの星と同じような連続的なスペクトル線をもって

いたのだった.

バーナード,ハッブル,銀河系内星雲

　第一次世界大戦の頃には,星雲の写真は細部までよく写るようになっていた.この功績のほとんどは,傑出した人物だったエドワード・エマーソン・バーナード（図7.2）によるところが大きい.1857年にテネシー州ナッシュビルに生まれたバーナードは,家が貧しかったため数ヵ月しか正式な学校教育を受けず,9歳で写真家の助手として働くようになった.頭脳明晰で仕事熱心だったバーナードは間もなく天文学に目覚め,小さい天体望遠鏡を手にする.その頃,運よく同じ町に創立されたバンダービルト大学の天文学者たちと交流をもつようになった.彼が最初に名を上げたのは彗星の発見で,その後も続いて何個か発見している.当時彗星の発見は非常に名誉なことで,賞金もついていたのだった.こうしてバーナードは次第に現代天文学の世界に入っていき,バンダービルト大学で働き始め,1887年にはカリフォルニアに新しくできたばかりのリック天文台の職員となる.リック天文台には当時世界最大の91 cm屈

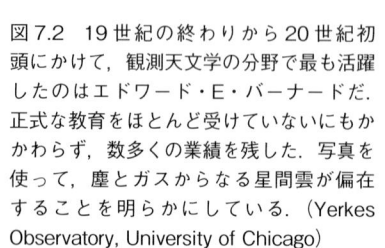

図7.2　19世紀の終わりから20世紀初頭にかけて,観測天文学の分野で最も活躍したのはエドワード・E・バーナードだ.正式な教育をほとんど受けていないにもかかわらず,数多くの業績を残した.写真を使って,塵とガスからなる星間雲が偏在することを明らかにしている.（Yerkes Observatory, University of Chicago）

折鏡があった．するどい視力をもっていたバーナードは熱心に観測し，1892年に木星の5個目の衛星を発見して世界中の注目を浴びる．さらに写真家の助手をしていた経験から，当時としては最も性能の高かった広視野カメラを使って，天の川内部を規則的に撮影していった．1895年にはシカゴ大学のヤーキス天文台に移り，天の川の写真だけでなく，その中にあるたくさんの星雲を撮影し編集した．

　ヤーキス天文台で，バーナードは大学院の学生だったエドウィン・P・ハッブルと知り合った．ハッブルもまた，バーナードとは違った意味で非凡な人物だった．シカゴ大学を卒業した後，ローズ奨学生[*13]としてイギリスのオックスフォード大学で法律や文学を学び，合衆国に戻って1年ほど高校でスペイン語や物理学を教えている．その後1914年にシカゴ大学大学院にはいり，ヤーキス天文台でもともと一番興味のあった天文学の世界に戻ったのだ．星雲に関する博士論文を完成させてから（バーナードはそのときの試験官のひとりだった）ウィルソン山天文台のスタッフとして招かれたのを延期して従軍し，第一次世界大戦のヨーロッパ遠征軍に加わって，パーシング総司令官の下で戦った．ハッブルがようやくウィルソン山天文台の職に就いたのは，ちょうど2.5mフッカー反射鏡が稼動を開始したときだったが，ここでハッブルは博士論文でやっていた研究をさらに継続して進めた．1922年に発表した論文で，ハッブルの名は一躍有名になる．この論文は，天の川の中にある星雲には2つのタイプがある．1つは反射星雲で，スペクトルはその中心部にある星と基本的に同じだ．もう1つは輝線星雲で，そのスペクトルは輝線が主で連続スペクトルはごく薄い，という内容だった．さらに，この2つのタイプの違いは近くにある恒星の温度によって決まることが明らかにされていた（図7.3a，7.3b）．星の絶対温度が2万5000Kよりも高ければ星雲は輝線星雲となるし，低ければ反射星雲となる．この分類は純粋に観測結果から出てきた分類で，物理学を使って説明されたものではなかったが，星雲を分類する上での基本となった．

[*13] ローズ奨学金制度：イギリスのオックスフォード大学で学ぶための，国際的な奨学金制度．超エリートに与えられた．

図7.3a　NGC6611は，輝線星雲の代表選手だ．ここには，オリオン星雲内にあるシータ1Cと同じくらい高温の星がいくつもあるので，オリオン星雲よりはるかに広い領域が光電離されている．オリオン星雲全体が，この中央部の明るい部分に入ってしまうくらいだ．NGC6611は，オリオン星雲より4倍も遠いところにある．（T.A.Rector and B. A. Wolpa, National Optical Astronomy Observatory/Association of Universities for Research in Astronomy/NSF）

図 7.3b　NGC1999 は非常に変わっている．主星はどちらかというと低温なので，蛍光現象は起こっていない．星雲が見えるのはガスに混じった塵が星の光を散乱させているからだ．暗黒の T 型をした部分は，星雲前面にあるガスと塵の分子雲だ．一番長い辺でも 0.04 光年しかない．（著者, Space Telescope Science Institute, NASA/ESA）

図7.4　ハッブル宇宙望遠鏡が写したNGC6514三裂星雲の拡大写真から，HII領域の電離前線が巨大分子雲の中に進んでいる様子がわかる．写真左上の大きく輝いている半円形がそのよい例だ．新たに生まれたばかりの星が，そこに細い陰を投じかけているのを確認できる．この半円形から上に向かって伸びているスパイクがそれだ．明るいギザギザの線は，ここでは隠れて見えない非常に若い星から流れ出る物質のジェットだ．写真の周辺が切れているのは，ハッブルの広視野惑星カメラ2（Wide Field and Planetary Camera2）の設計によるものだ．（J. J. Hester（Arizona State University），NASA/ESA）

図7.5 カリーナ星雲のすばらしい写真が，2009年の5月に新たにハッブル宇宙望遠鏡に設置されたばかりの，最終世代カメラで写された．図7.4の三裂星雲の写真で明らかになったことが，この写真ではっきりと確認できる．ここでは，図の右上にかろうじて姿の見えている星から出ているバイポーラージェットがわかる．その左側のジェットが周囲のガスと衝突してできる衝撃波も，鮮やかに見えている．(Mario Livio and the Hubble 20th Anniversary Team (Space Telescope Science Institute)，NASA/ESA)．

銀河系内星雲の２つのタイプ

　反射星雲は単に近くにある星の光を散乱させているにすぎない．散乱は 0.1 ミクロン（1ミクロン（μ）は 1mm の 1000 分の 1）ほどの大きさの微細な塵が原因で起こる．この大きさの粒子は，その大きさに対して表面積が広いので光を散乱しやすくなっている．光の散乱現象はあちこちで起こっている．たとえば太陽が沈んだあとの夕焼けは，太陽の光が大気中の分子やゴミの粒子に散乱される現象だ．夕焼けの場合は大気中の物質の量が多くないので，夕焼けを通して明るい星や内惑星が見える．一方雷雲のような分厚い物質だと，雲の端が光るのを見ることしかできないが，これも散乱によって起こっている．天の川を見るときも同じ現象が起こっているのだ．厚みの薄い反射星雲は光が拡散して見えるし，厚い星雲では星雲のまわりが光っているのを見ることしかできない．

　輝線星雲からの光は，主に原子の輝線からなっている．この放射は光の拡散によるものではなく，蛍光発光と呼ばれる過程をへて生まれる．これは身の回りでも起こっていることで，たとえば，パーティーの明かりを浴びたあと暗い場所に行くと白い服が輝いて見えるのがこの蛍光発光だ．これは，パーティー会場の特別の電球[*14]が紫外線放射をしていることで起こる．紫外線は高エネルギーの光子なので目に見えないが，この高エネルギー光子が白い布にぶつかると，紫外域の光子は吸収されいろいろ複雑な過程をへて可視光となる．こうして白いシャツやブラウスは，暗闇で光って見えるのだ．

　これと同じような過程が輝線星雲でも起こっている．この場合は主に水素原子が２つの段階をへて蛍光現象を起こしている．この蛍光現象を理解するために，まず原子がどのようにできているかの基本を学んでおこう．

原子の構造

　原子は原子核とそのまわりを回る１個から数個の電子からなっている．ある意味，太陽とそのまわりを回る惑星に似ているといえる．もちろんいくつか大

[*14] 紫外線を放射するブラックライトなど．

きな違いがある．太陽系の場合，太陽と惑星を結びつけている力は重力だが，原子の場合は電磁力が働いている（電磁力は，電子がマイナスの電荷を帯びていて，原子核がプラスの電荷を帯びていることから生まれる）．他に大きな違いは，原子はあまりに小さいので（数万分の1ミクロン）量子力学に左右されていることだ．その結果として，電子のような粒子はただの小さな球体というだけでなく波の特性ももつことになる．これは電磁放射が波と粒子（光子）両方の特性をもっているのと同じだ．この結果として電子には決まった軌道しか許されていない．これは太陽からいろいろな距離の軌道を回っている惑星との大きな違いだ．

ここで一番単純な水素原子を見てみよう．図7.6は水素原子の構造を図式的に描いたものだ．電子は許された軌道上だけを回ることができる．原子核に一番近い軌道が電子との結びつきが強く，外側の軌道は弱くなっていく．つまり外側の軌道（弱い結びつき）から内側の軌道（強い結びつき）に移動するとき，電子は必要のなくなったエネルギーを手放すことになる．このとき光子が放出される．2つの軌道の違いは非常に正確なので，そこに輝線ができる．反対に電子が内側の軌道から外側の軌道に遷移する場合，電子はエネルギーを必要とする．ということは，必要なエネルギーと同じだけの光子が吸収される．2番目と3番目の軌道間のエネルギーの違いは，特にHα線と呼ばれる赤い光だ．一般的に，電子は一番内側の軌道を占めようとする．つまり水素電子は普段はn＝1の軌道にいる．

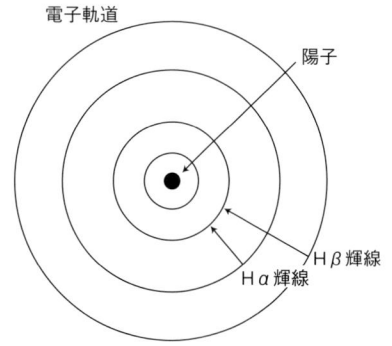

図7.6 水素原子の中心にある陽子のまわりを回る電子軌道は，量子力学に左右され，ある決まった軌道だけが許される．紫外線が水素原子に吸収されるとき，そのエネルギーは，この図に示したような決まった輝線に変換される．こうして目に見えない紫外線が目に見える光になる．

電子を高い軌道に遷移させる別の方法がある．原子が自由電子と衝突することだ．この場合，電子は衝突の過程で外側に移動するが，すぐに低い軌道に戻る．

他の原子は水素よりもっと複雑になっている．水素の原子核は1つの（プラス電荷の）陽子からなっているのに対し，他の原子は陽子の数も複数個で，さらに中性の電荷を帯びた中性子をもつ．中性子の数は，多くの場合陽子の数と同じだ．例えば，ヘリウムの原子核は2つの陽子と2つの中性子からなっている．こういった複雑な原子核のまわりの軌道を回ることのできる電子の数は，通常は陽子の数と一致する．原子核が陽子の数と同じだけの電子をもつと，原子は中性となる．そこから1つ以上の電子が失われると，残った原子はイオンと呼ばれる．イオンは普通の原子と同じ特性をもつが，電子を失っているために電子軌道は強く結びついている．

光を吸収してイオンを作る

原子の一番外側の軌道と一番内側の軌道との間には，非常に明確なエネルギーの差がある．水素の場合このエネルギー量は13.6電子ボルト（eV）になる．1eVとは，1ボルト（V）の電位差があるところを移動するときに1つの電子が得る非常に小さいエネルギー量のことだ．目に見える光の光子1つは約2eVのエネルギーをもつ．一番外側の電子軌道のエネルギーより大きいエネルギーをもつ電子は原子核との結びつきを解かれて自由電子となり，原子はイオンとなる．この外側の軌道の限界エネルギーをイオン化エネルギーと呼ぶ．

原子から電子を奪う最も一般的なやり方は，イオン化エネルギーより大きいエネルギーをもつ光子を吸収することだ．つまり水素原子が13.6eV以上の光子を吸収すれば，その水素原子は水素イオンとなる．光子を吸収して電子を放出するやり方を光電離（光イオン化）と呼び，これから本書で頻繁に使われる用語だ．

イオンを原子に戻す

イオンと電子が自由に動き回っていると，ときには互いに近づいて，マイナス電荷の電子がプラス電荷のイオンにつかまることがある．その電子は最初に

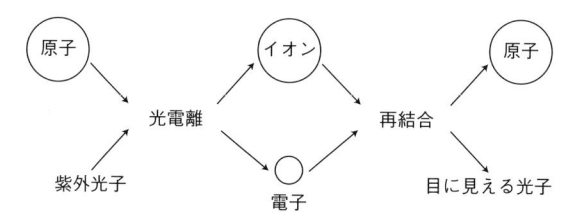

図 7.7 紫外線を原子で蛍光させる過程は、いくつかのステップを踏む。星から出た紫外光子が、電子を奪うこと（光電離）で原子を破壊し、あとにイオンと呼ばれるプラス電荷をおびた原子が残される。その後、イオンと電子は再び結びついてもとの原子ができ、その過程で目に見える光子を出す。

その原子の軌道を回っていた電子であることはまずほとんどないし、同じタイプの原子から放出された電子である必要もない。電子であればどれでもよいのだ。電子というのは一番低い軌道にいこうとするものだから、つまり、電子が高い軌道と結びついた場合、それに続いて電子は次の軌道に下りていこうとする。軌道を1つ下りるたびに新しい光子を放出していく。たとえば赤い Hα 線の光子がそれだ。この電子とイオンが結びつく過程を再結合と呼ぶ。

平衡状態に達しているガスは、光電離が起こっているのと全く同じ割合で再結合が起こっている。これでは一見無意味なことのように思えるが、実はそうではない。光電離に続いて再結合が起こる過程で、目に見えない高エネルギー紫外線光子が目に見える大量の低エネルギー光子に変換されるのだ。この過程が蛍光発光だ（図 7.7）。

ネブリウムの秘密を解き明かす

19世紀中頃は分光学者にとってはよい時代だった。太陽スペクトルは大量の吸収線を示していた。この吸収線は電子が内側の軌道から外側の軌道に移動するためにできることが、次第に明らかになってきた。様々な原子が分離されガス状にされるとともに、同じスペクトル線を実験室で作られるようになり、こうして星も地球と同じものでできていることがわかってきた。ただ太陽からのある1組の吸収線だけがなんだかわからなかった。まるで太陽には地球上にはない何か特別な元素があるかのようだった。この元素はヘリウム（He：太

陽を意味するギリシャ語のヘリオスに由来する）と呼ばれた．ヘリウムはその後，地球上ではガス状で存在することが発見されたし，今ではヘリウムは宇宙で2番目にたくさんある元素であり，地球上で少ないのは化学的に不活性であるためだとわかっている．地球上ではおおかたの水素は水として存在している．一方のヘリウムは他の原子と結びつくことなく，地球ができた頃に蒸発してしまったのだ．

　これと同じようなことが，星雲を調べているときに起こった．スペクトル線を写真で調べるようになる以前から，星雲から出る最も強いスペクトル線は一対の緑の輝線だということが知られていた．この2つのスペクトル線の強さの値は常に同じだった．ときには$H\alpha$線と同じくらいの強さだったが，たいていは$H\alpha$線より強かった．$H\alpha$線ならば水素から出ているので説明は簡単だったが，このスペクトル線が星雲の中でだけみつかるというのは謎だった．写真技術が進んで星雲からの暗いスペクトル線がどんどん区別できるようになると，水素からのスペクトル線がたくさん発見されたが，星雲のスペクトル線の多くは実験室で普通に見ることができる元素とは無関係だった．これらは星雲に特有の元素と考えられたためネブリウムと呼ばれた．だがこの謎の元素が星雲の主たる構成要素だということがわかるにつれ，ネブリウムという考え方は受け入れがたくなってきたのだ．

　この謎は，1928年にカリフォルニア工科大学の分光学者アイラ・ボーエンによって解かれた．ボーエンは原子とイオンの分光と，そのときの精密な電子軌道を，実験で解明しようとしていた．そしてネブリウムの線と同じ幅をもつありふれた原子とイオンの軌道を同定できることに気づいた．たとえば，ネブリウムの緑の線は，酸素の軌道から2つの電子が失われたときと同じだった．さらにボーエンは，なぜネブリウムの線が実験室では再現できないかを解き明かした．

　上の軌道にいる電子は，自ら低い軌道に下りようとする．それは100万分の1秒という非常に短い時間に起こる．だが量子力学的にいうと，ある種のエネルギー準位の間に起こる遷移は，非常にゆっくりと数秒間かけて起こることが明らかになったのだ．この遷移は「禁制」であり，その結果発生する輝線は禁制線と呼ばれる．このスペクトル線は［　］に入れて，他のものと区別する．

たとえば，2回電離した酸素の放射は［O III］となる．原子記号のあとのローマ数字がイオン化された数となる．電離していない原子は I，1回電離していると II という風に数が上がっていく．普通の遷移は1秒間に100万回以上起こり，禁制線遷移は毎秒1回しか起こらないため，その軌道間を移動する別の手段があるならば，禁制線は抑制されてしまう．自然が用意した別の手段というのは，自由電子（そのほとんどは水素の光電離によってできる）との衝突だ．自由電子との衝突が1秒間に数回以上の割合で起これば，原子核と結びついている電子は低い軌道に落とされ，それに相当するエネルギーは，放射として出るよりは自由電子に与えられることになる．ボーエンは，星雲内では電子の密度が低いので，軌道間の禁制線遷移が主たるものになっていると指摘した．実験室内では電子の密度が非常に高いので，自由電子が原子核と結びついている電子をその軌道に落としてしまい，その結果いかなる輝線も出てこなかったのだ．ボーエンの研究によって，3/4世紀にわたった謎が解かれ，星雲も地球と同じ物質でできていることがわかった．ただ，その物質の量が違っていたのだった．

ベングト・ストレームグレンがすべてをひとつにまとめる

　1880年にオリオン星雲の最初の写真を写したヘンリー・ドレイパーは，50年後にハーバード大学天文台がオリオン星雲のような天体に対して，新しく生まれた量子力学を応用する中心になるなどとは，想像もできなかっただろう．1930年代にハーバード大学天文台のドナルド・メンツェルらは，一連の論文で近くにある高温の星に照らされたときのガスの動きに関する理論を発表した．この論文で，ガスの性質を決定するのは光電離で，それに続いて再結合が起こり，光電離を通してガスに吸収されたエネルギーがガスの温度源であることをはっきりとさせた．ただ，彼らのような物理学の細かい部分を扱っている有能な理論家たちは，観測天文学者とは関わっていなかった．観測天文学者こそ，全体像を見極めようとしていたのだ．

　同じ頃，観測からのアプローチがヤーキス天文台で台長のオットー・シュトルーベを中心としてなされようとしていた．シュトルーベは，著名な天文学者を何人も出したドイツ系ロシア人家系の最後の子孫だ．ヤーキス天文台は，創

始者のジョージ・エレリー・ヘールが南カリフォルニアにウィルソン山天文台と，さらにはパロマー天文台を作るために移動して以来，静まり返った場所となっていたが，そこに活気を取り戻させたのがシュトルーベだ．彼は20世紀中頃に，天文学・天体物理学を先導することになる若き天文学者を雇ったばかりでなく，テキサス州の西に大きな天文台を建設するためにテキサス大学との協力を開始した．こうして完成したマクドナルド天文台は，当時世界で2番目に大きかった208 cm望遠鏡を誇り，南ウィスコンシンのヤーキスよりはるかに観測に適した場所にあった．

マクドナルド天文台にさっそくシュトルーベが作った観測機器の1つは，輝線星雲を観測するために特別に設計された分光器だった．シュトルーベは輝線を発している天体の面積が十分大きければ，露出時間は望遠鏡の大きさとは関係なくなると考えていた．ヤーキスの天文学者と光学専門家たちは，ユニークな機器を考案した．望遠鏡は必要なくなり，分光器が直接星に向けられたのだ．プリズムが作ったスペクトルを記録するのには，初期のシュミットカメラが使われた．シュミットカメラが優れていたのは，広視野の像が得られると同時に，高解像度と短い露出時間を実現できたことにある．この星雲用分光器を使い始めるとすぐに，天の川にそっていくつもの輝線星雲が発見された．さらにそのいくつかは，それ以前に発見されていた輝線星雲（オリオン星雲はごく初期に発見されたものだ）と同じく，表面が非常に明るい中心核があることがわかった．だが，表面の明るさが暗くずっと大きい星雲の数の方がはるかに多かったのだ．このすべてはハッブルが最初に指摘したように，高温星と関係があるようだった．

シカゴ大学の若き理論天文学者だったベングト・ストレームグレンが最初にヤーキス天文台に来ていた頃は，星雲用分光器が設計・製作され，102 cm屈折鏡に取りつけられて試験されたときにあたる．おかげで彼は，観測者やチャンドラセカール，ジェラルド・カイパーといった他の若い理論家たちと交流し刺激を受けた．1939年，ストレームグレンがAstrophysical Journalに発表した論文 "The Physical State of Interstellar Hydrogen" は，輝線星雲の研究でおそらく最も影響を与えたものだろう．天文学に「ストレームグレン球」という新しい用語まで生み出した．ストレームグレンは，明るい高温星が中性の星

間水素雲の中にいるときのモデルを作り出したのだ．それは，星から出る光のうち光電離が可能なもの，つまりは，13.6 eV 以上のエネルギーをもつ光子はすべて光電離をおこして吸収され，破壊されるということだった．その星をとりまくガスはほぼ完全に電離し，その状態は星からのある特定の距離まで続く．その点に達すると電離は突然，ほとんど無視できるレベルまで落ちこむ．光電離のあとには常に再結合が起こり，そのとき Hα 線のような目に見える輝線を出すので，電離域ははっきりとした境界のある光り輝く放射球体となる．これが実際に多くの星雲で起こっていることだったのだ（図 7.8）．さらにプランクの法則から，星の温度が高ければ高いほど 13.6 eV 以上の放射は多くなることもわかっていた．星雲の大きさを決定するのは，この高エネルギー放射だ．高温で明るい星は低温で暗い星よりも大きな電離層（今では HII 領域と呼ばれている）をもつ．実際のところ，星の温度が約 2 万 5000 K より低いと，その星のまわりで電離した光子の数は非常に少なくなり，HII 領域はほとんど無視していいほどの大きさでしかない．同じように，星のまわりのガスの密度が高いと，星からの光子は素早く吸収されてしまって HII 領域も小さくなる．たった 1 つの論文で，ストレームグレンは輝線星雲の外観の多様性と類似性，さらに反射星雲とどう違うのかを説明してしまった．反射星雲は輝線星雲と同じものからできているのだが，星が観測できるほどの光電離を起こしていない

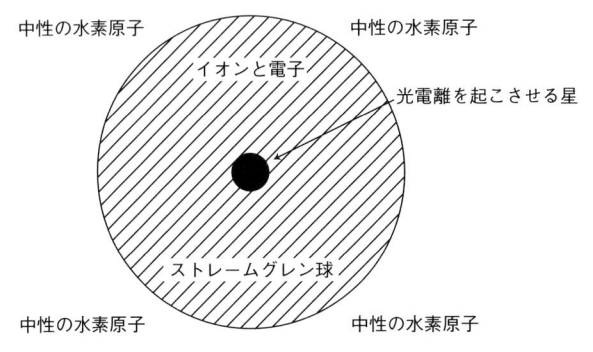

図 7.8 ストレームグレン球は，中性水素原子の巨大な雲の奥にある高温の星のまわりにできる，イオンと電子の層だ．図 7.3a で示した NGC6611 のような星雲はこのようにしてできる．

というだけなのだ.
　ストレームグレンの論文は成功しすぎたといっていいだろう．そこで論じられていることは，すべてを包含しながら同時にシンプルで，他の天文学者たちはオリオン星雲を含むすべての輝線星雲にそのモデルを適用してしまった．こうして，オリオン星雲の真実の姿が解き明かされるまでにさらなる時間がかかることになってしまったのだった．

第 8 章

冒険者たちは帆を揚げる

　天体望遠鏡の出現以来，オリオン星雲は天文学者にとって光り輝く標識灯となった．1889 年に，シャーバーン・バーナムは次のように記している．「星々の世界で，（オリオン星雲の中心にある）オリオン座シータ周辺の星の群ほど，天文学者から注目を浴びてきた天体はおそらく他にないだろう．最も優れた観測者たちが，最高の天体観測機器を使い，主要な星の位置関係をできる限り正確に割り出そうとしてきた」．ここでバーナムが書いている天体は，リック天文台の 91 cm 望遠鏡が動き始めたごく初期の頃に発見されたもので，後になって，原始惑星系円盤をもつ生まれたばかりの星だということがわかった．広大な宇宙の中で，この狭い領域に対する天文学者たちの注目度は現在にいたっても変わることなく，オリオン星雲は，新しい技術が開発されたり，高解像度の望遠鏡ができると，いつも最初に研究対象とされてきた．本章では，第二次世界大戦後の 50 年間に，観測天文学の世界で，オリオン星雲の像がどのように進化してきたかについてお話ししよう．それは空前の進化をとげた時代だった．

パロマー天文台からの初期の観測結果

　パロマー山の 5 m 巨大望遠鏡は，1947〜1948 年にかけて動き出した．当時小学 6 年生だった私は，小学生向けの新聞「ウィークリー・リーダー」でその

記事を読んだのを覚えている．考えてみると「25年後に何をしていたいか？」という題の作文に，「天文学者になってパロマー天文台の5m望遠鏡を使って観測をしたい」と書いたのはその頃だった．実際のところ，その夢を実現するのに25年かからなかったのは幸運だった．

当時私が知るはずもなかったのだが，その5m望遠鏡は，ジョージ・エレリー・ヘールが作った世界で「最も大きく，最も優れている」一連の望遠鏡の最後をかざったものだったのだ．その上その頃の私は，将来自分がヘールが就いているヤーキス天文台台長という仕事に，ヘールと同じくらいの年齢で（20代中頃から後半にかけて）就くことになるとは夢にも思わなかった．ヘールとの比較はこのくらいにしておくが，こうしてヘールのことを書いていると，人と人の人生がどこかでつながっているというのは，全く不思議なことだと思わずにはいられない．1897年にヘールがヤーキス天文台を建てたとき，最も世間の注目をあびたのは世界最大の102cm屈折鏡だった．これよりもっと口径の大きい望遠鏡はあった．1840年代に，アイルランドのロス卿が作ったスペキュラム合金製反射鏡などがそうだ．こういった巨大望遠鏡の問題点は，鏡に使われた銅の合金が曇りやすく数ヵ月ごとに磨き直す必要があったことと，金属の反射鏡そのものが重すぎたことだ．1890年代に，ヘールはヤーキスでまず試作鏡を作った．新しく開発された銀メッキしたガラスを使った61cm反射鏡で，小さい方のドームの1つに設置した．ガラスは金属と比べて密度が低いので，鏡，つまり望遠鏡全体を軽くできる．薄い銀の反射面は数ヵ月ごとに曇ったが，化学反応を使ってメッキし直すのは簡単だった．102cm巨大屈折鏡の60パーセントの口径の望遠鏡をずっと小さいドームに納めたという点で，この望遠鏡は大成功だった．こうして望遠鏡建造の新しい道が開けたのだ．これに続いてヘールは，南カリフォルニアに152cmと254cmの望遠鏡を作った．ヘールの最も偉大な業績はパロマーの5m望遠鏡を計画，建造したことだった．

5m望遠鏡の設計と建造には21年以上の年月がかかったため，建造の責任者は途中でヘールから別の人に引き継がれた（ヘールは1938年，67歳で死去している）．1945年にウィルソン山とパロマー天文台の台長を兼任したのは，第7章でふれたガス星雲スペクトル内のネブリウム線を研究したアイラ・ボー

図8.1 オリオン星雲のような天体の内部で何が起こっているかを研究するには，おそらく分光器が最も有用だろう．有名な分光学者であったアイラ・ボーエンが，当時最もパワフルだったパロマー天文台の5m鏡に，最もパワフルな分光器をつけたのは当然といえば当然のことだった．ラッセル・W・ポーターによる未完成のこの絵を見ると，分光器がおおかたの望遠鏡より大きかったことがわかる．絵の右上の方に，堅苦しい服装をした天文学者がいるので，大きさがわかる．（Palomar Observatory）

エンだ．ボーエンが，5m鏡を分光観測に使おうとしたのは当然すぎるほど当然のことだった．最初からボーエンは当時最も進んでいた分光器をパロマーの望遠鏡に取りつけることにしていた（図8.1）．この分光器は観測ドームの奥深く，リビングルームくらいの広さの断熱された部屋に4個の巨大な回折格子[*15]を並べたもので，望遠鏡に入った光は一連の平らな反射鏡を通って運ばれるようになっていた．望遠鏡と比べても相当な大きさだったので，望遠鏡に

[*15] 回折とは，光が本来到達しないはずの障害物の向こう側に到達する現象．分光器のなかで，回折格子に光を通して回折させて，光の性質を調べることができる．

直接取りつけるなど問題外だった．

　こうして世界最高の分光器が世界最大の望遠鏡に取りつけられ，観測結果は最初から最高級のものだった．当時天文台のスタッフだったギード・ムーンチ，ドナルド・E・オスターブロック，オーリン・ウィルソンは，分光器を使う時間のほとんどをガス星雲の観測に使い，当然のことながらオリオン星雲が最も注目を浴びることとなった．ウィルソンとムーンチが行った初期の研究は，ドップラー効果を使ってオリオン星雲内の物質の速度を決定することだった．

　クリスチャン・ドップラーは19世紀の自然科学者で，波の波長が観測者と発生源との相対的な動きによって変化することを発見した．これは音や光にもあてはまる現象だ．高速道路の横に立っていると，近づいてくる車は遠ざかっていく車に比べて高い音を出しているように聞こえる．光の場合は，光源が私たちから遠ざかるときは波長の長い赤い色の方に変化する．ゆえに赤方偏移と呼ばれる．同じように，光源が近づいてくるときは青方偏移する．波長の変化の割合は，相対的な光の速度の割合と同じになる（ドップラーの法則）．物理実験室で星雲内のガスそれぞれに固有の波長（観測者に対して静止した状態の波長）を測ったり計算したりできるので，その波長と実際に観測してわかる波長とを比べると星雲の速度がわかる．

　ウィルソンとムーンチは5m鏡の分光器とドップラーの法則を使って，オリオン星雲表面の多くの地点での速度を精密に調べた．それも，水素はもちろんのこと様々な輝線，さらに以前はネブリウムと呼ばれていた様々なイオンの禁制線まで調べ，星雲全体の1パーセントにあたる部分の速度を割り出した．その結果からムーンチは，オリオン星雲内のガスの動きは乱流であると結論づけた．乱流の動きはランダムな動きであるが，ガス内の物質の塊は互いに関連して動いている．その塊の大きさとランダムな動きが関連しあっているというのは，コルモゴロフの法則であるが，この法則は地球大気からオリオン星雲まで様々な状況に応用できるようだ．

　ウィルソンとムーンチがオリオン星雲内を詳細に調べその動きを解明しようとしているとき，オスターブロックはイギリスの理論家マイケル・J・シートンと共同で二重項と呼ばれる，ある種の禁制線を放射する星雲の密度を測る方

法を完成させようとしていた．二重項は酸素，硫黄，塩素，炭素といった重い元素に見られる，非常に接近した2つの電子軌道から出る一対の線だ．電子がその電子軌道に移動しようとするプロセスとその軌道から離そうとする放射とが相反しているため，結果として，その2本の線の強さはガスの密度に左右される．オスターブロックとシートンは，二重項の割合とガス密度の理論的な関連性を導き出し，これによって，二重項の相対的な強さを観測するだけで，その物質を手に取って調べることなく物質の密度がわかるようになった．これは，星雲の物理特性を調べる上で最も影響力のある理論の1つとなっている．その後，オスターブロックは波長373 nmの紫外線内の酸素の禁制線二重項を観測し，星雲表面の密度を測定した．

さらに，他の禁制線の割合から星雲のガス温度を調べることもできる．この場合は，禁制線は大きく離れた電子軌道から出ていて，その割合は密度とはほとんど無関係だが，電子温度と深く関連している．オリオン星雲の場合，最も平均的な温度は9200 Kとなる．上記の2つの手段を使うことによって，ガスの重要な特質である密度と温度を，遠くから調べることができるようになった．この技術をさらに応用すると，ガス内部の元素の量を決定することができる．

ストレームグレン星雲モデルの周転円

プトレマイオスの地球を中心とした太陽系モデルが使われていた頃，太陽，月，惑星が地球のまわりを円運動で回っているという最初はごくシンプルだったモデルは，惑星の位置観測が正確になるにつれて次第に蝕まれ，主要な動きの上にさらなる動きを追加しなくてはならなくなった．この大きな円の上に無理やり描かれた小さいいくつもの円は周転円と呼ばれた．こうして複雑になったモデルは，新たな観測結果に合わせるためにさらに複雑さを増していった．こういうことが起こるのは，もともとのモデルが間違っている可能性が高い．だが多くの場合そのモデルはどんどん複雑になっていき，ある日すべての観測結果にあてはまる新しいシンプルなモデルが現れて革命的に切り替わるまで続いていく．われらが太陽系の場合，この革命的変革はコペルニクスの太陽中心説であった．オリオン星雲の場合にもこれと同様なことが起こったのだ．プト

レマイオスのモデルに相当するのがストレームグレン球だった．すべての星雲は同じ密度をもち，中性の物質に囲まれた電離した物質の球体の雲だと信じられていたのだ．

　第二次世界大戦が終わり電子工学を平和利用できるようになるとともに，電波天文学は花開いた．電波望遠鏡の根本的な問題は分解能の低さにあったが（第4章で説明したように，それは電波の波長と望遠鏡の大きさとの比が大きすぎることにあった），次第にその分解能が上がるにつれ，オリオン星雲は大きさもわからない分解できない物ではなく，ちゃんとした形のある現実の物として見えるようになった．ガス状天体の場合，一方向の明るさはガスの密度の2乗とその方向のガスの厚さの積に比例する．エミッションメジャー[*16]と呼ばれる指標だ．高分解能電波観測で星雲表面のエミッションメジャーを測ることが可能になった．

　オスターブロックは自らが行ったオリオン星雲の密度測定と，電波望遠鏡によるエミッションメジャーとを関連づけてみたところ，密度がストレームグレンモデルの予想したものとは全く違っていることを発見した．とりわけトラペジウム領域から離れると密度が$1\,cm^3$ごとに原子1万個の割合で着実に減少していた．エミッションメジャーは星雲の厚みと密度に関係しているわけで，密度がわかっているのだから，星雲の厚みを視線方向ごとに引き出すことができた．ストレームグレン球では，この厚みは最も明るい中心部で一番大きく，球の外側にいくにつれて少しずつ薄くなり，一番外側の境界に達したときに突然ゼロになるはずだ．オスターブロックは密度が一定であるという考えを即放棄して，各視線方向ごとにそこの密度を使って厚みを計算した．その結果は意味をなさないものだった．そこでオスターブロックは，星雲は球体をしているが密度は外側にいくにつれて連続的に減少していると仮定した．密度とエミッションメジャーを決定するためにオスターブロックがとることのできた唯一の方法は，ストレームグレンモデルにもうひとつの特性をつけ加えることだった．つまり，星雲内に塊を描くことによって球形に分布したガスの塊というモデルを作ったのだ．そのモデルでは，外側にいくにつれて塊の密度が低下してい

[*16] 星雲がどれだけ明るく輝くかを示す指標．

た．ストレームグレン球がもっていたもともとのシンプルさは，最も有名なガス星雲には，みじめなほどに使い物にならなかったのだ．球体を仮定したモデルを維持するために，新たな仮定をつけ加えなくてはならなくなった．プトレマイオスの太陽系モデルに周転円をつけ加えたのと同じだった．理論的ではあった．だが間違っていたのだ．

球ではなく，面だった

　オリオン星雲や他のガス星雲内の速度を測れるようになるとすぐ，電離した物体の動きに関する理論的な研究が進んだ．その結果，ストレームグレン球は永久的な安定した物体ではありえなくなった．というのは，高温の星のまわりのガスが電離して，水素原子が自由陽子と自由電子になるとガス内の粒子の数が2倍になるからだ．同じように，電離に続く再結合により星のエネルギーの一部はガス内部に残り，ガスの温度が1万Kほど上がることになる．第6章に詳述したように，ガスの圧力は粒子の密度と温度に左右される．光電離し，ガスが暖まるということは，電離したガスの美しい球体であるストレームグレン球はまわりより200倍圧力が高くなり，ここで膨張していくことになる．膨張していく速度はガス内部の音速の2分の1と予想され，つまり秒速8kmになる．ドップラーシフトから計算されたこの膨張速度は実際にいくつかのガス星雲，とりわけストレームグレン球にほぼ近い形状のガス星雲内部で起こっている．だがオリオン星雲や他の星雲では，内部の動きはストレームグレン球の予想とは大幅に違っていた．実際のところ，もし星雲の球形モデルが完璧に正しいならば，星雲は1万年ほどで拡散していってしまうことになる．これはつまり，モデルが間違っているか，計算が間違っているか，あるいは私たちが運よく星雲が存在するたった1万年の間に生まれたか，のどれかということになる．

　ガス星雲のストレームグレン球モデルは，中心部にある高温の星が，均等に広がった低温の中性の媒体中で作られることを仮定している．1970年代には，新しい星は太陽の100倍から10万倍の質量をもつ分子雲の中から生まれることがわかってきた．そういった分子雲の一番よい例の1つは，オリオン座の剣の方に向かって走っている細長い雲だろう．この雲は分子と塵の両方からなっ

ているので，観測的な選択効果というのがある．つまり私たちは，ガス星雲が高温の分子雲の表面近くに作る，それもこちら側に向いている光学的に明るい物体を選択して見ているということだ．分子雲の奥深くに埋もれているガス星雲は，間にある大量の塵のせいで光学的な観測では見えなくなっている．

別の理論モデルが計算された．そのモデルから予想されたのは，分子雲の表面付近にできた星雲に活発な動きが見られることだった．さらにこの場合，圧力が高くなりすぎたストレームグレン球は，基本的にはまわりの中性の物質を吹き飛ばして，球体自体は音速より数倍の速さで周辺の低密度の領域の中に消えていくということがわかってきた．この突然の短時間の爆発はシャンパン・フェーズと呼ばれる．このシャンパン・フェーズの後には，最初からある高密度の分子雲に接した部分に，電離した物質の薄い面（ブリスター）が残る．ほとんどすべての電離は，分子雲の表面の電離前線と呼ばれるこの薄い層で起こる．電離前線とは，中性のガスが電離される場所のことだ．それはあたかも，火が乾燥した広々とした草地を広がっていくのに似ている．まだ燃えていない部分は分子雲で，今まさに燃えている部分が電離前線だ．そして燃え尽きてしまった部分が，もともとストレームグレン球が存在していた場所ということになる．

電離前線は，同時に圧力が高すぎる状態でもある．前線の一方は高圧力だが低温の分子雲であり，反対側は観測者である私たちの方，ということは外側を向いていて，そこにはほとんど物質がない．圧力が違うので，電離前線の通過に伴って物質が加速されることが予想される．電離前線の真上の物質は分子雲の速度をもっているが，外側にいくに従って青方偏移しているし，一番外側の物質は最も青方偏移している．この速度の違いがまさにオリオン星雲内で観測されているのだ．電離前線に近い電離度の低いイオンはもともとの分子雲の速度をもち，私たちに近い方のイオンは毎秒 10 km の速度で増加する青方偏移を示している．

それぞれのイオンの速度変化が理解されると，オリオン星雲がこのシャンパン・フェーズ後に生まれたことが明らかになった．オリオン星雲と呼ばれているものは，実際にはオリオン分子雲表面の電離したガスでできた薄いブリスターだったのだ．中心部からの距離によって密度が変わるというオスターブロッ

クの解釈は，中心星の近くでは大量のガスが光電離されているという事実によるものだった．そして中心から遠ざかるにつれて明るさが減少するのは，単に外側は紫外線を少ししか受けていないせいだった．コペルニクス的転回が起こり，複雑な球体モデルは姿を消し，ブリスターモデルが急速に完璧にとって変わったのだった．

オリオン星雲の三次元モデルを作る

私たちは巨大な天体を何百何千光年もの遠くから見ているために，どうしても平らに見えてしまう．ときとして三次元的に見えることもあるが，それは錯覚で，実際は，近くに見える部分も遠くにありえるのだ．これは専門用語を使うと視差という現象で，双眼鏡などで見ると物体がわずかに違う方向に見える

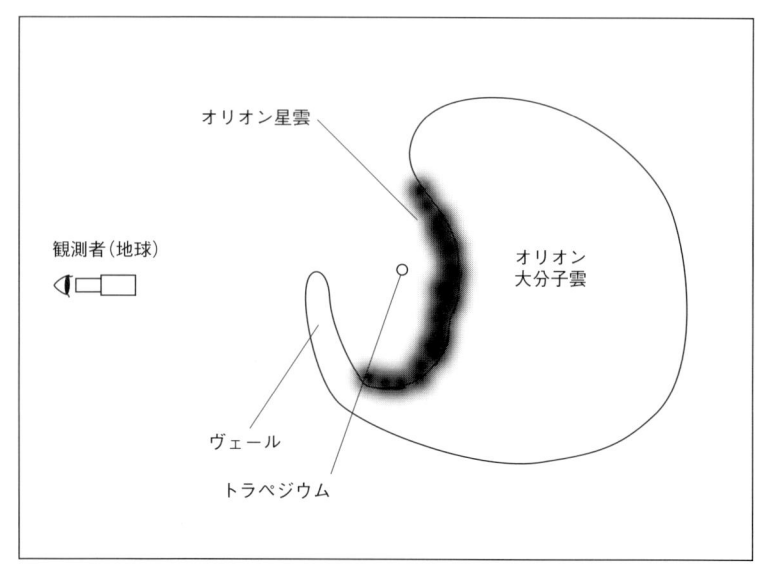

図8.2　この断面図を見ると，オリオン星雲は巨大分子雲が地球に向いている側の表面にある熱いガスの薄い層であることがわかる．その前面には，ヴェールと呼ばれる分子雲の引きちぎられた残りがある（ヴェールと呼ぶのは，そこを通して向こうを見ることができるからだ）．トラペジウムの星々は，数千個の星の集団の真ん中にある．ほとんどの星は星雲前面の広々した空間に位置するが，いくつかはヴェールの中や分子雲内部にある．

図 8.3a　図 8.3a と図 8.3b は，地上の優れた望遠鏡と同じレベルの角分解能で見えるオリオン星雲中心部を示している．8.3a は，地球の観測者から見える星雲の姿だ．

図 8.3b 前面にある物質のヴェールによる影響がない場合の星雲の姿.ハッブル宇宙望遠鏡と VLA(超大型干渉電波望遠鏡群)の観測を比較して,ヴェールによる影響を取り除いた.

ために起こる．遠くにある物体を見る場合，この基本的な特性のために，天体の三次元モデルを作るといってもそれは見かけ上のことでしかない．だがオリオン星雲のようなブリスター型の星雲の場合だと，実際に三次元の地図を作ることが可能になる．

　この地図を作る方法は，ケンタッキー大学のゲイリー・J・ファーランドの名前をとってファーランド方式と呼ばれている．1991 年，ファーランドはブリスター型の星雲の表面の明るさは，それが受けた電離した紫外線放射量に正確に比例することに気づいた．大きな紫外線放射源があるならば，星雲の明るさから直接その星とブリスターとの距離がわかるのだ．ファーランド方式は最初におおまかな距離を予想するのに役に立つし，オリオン星雲が，最も高温で明るいオリオン座シータ 1 星 C（今後はシータ 1C と呼ぶ）から遠ざかるほど暗くなることをうまく説明している．だが他にもよい方法がある．それは，光が星雲表面にぶつかるのを別々の方向から観測して，そのわずかな違いを計算する方法で，ライス大学のジュン・ウェンが博士論文の一部として行った．ジュン・ウェンの研究結果と私自身がファーランド方式を応用した結果から，オリオン星雲の三次元マップができた．このマップでは，星雲はシータ 1C の向こう 1 光年の距離にまで広がっている．その地点から不規則な凹面形が予想され，その凹面の端は場所によってはシータ 1C よりもこちら側に近づいているが，東側は遠くなっている．電離したブリスター（実際に目に見える星雲）は約 0.08 光年の厚みがある．不規則な形は電離前線がオリオン分子雲の中に進んでいくスピードに左右され，そのスピードは，その場所の物質密度が高いか低いかで決まってくる．オリオン星雲の中心にはトラペジウムの星たちが集中しているため，中心部の密度は太陽周辺の星と比べると 2 万倍も高くなっている．

　この 10 年ほどの間に，シャンパン・フェーズで残った物質のヴェールのうち，私たちの側にある部分も見えているに違いないということがわかってきた（図 8.2）．ヴェールの中のガスを調べると，星雲からの電波と星雲の星からの可視スペクトル領域に吸収線があったのだ．この不規則に密集したヴェール内の塵は，星雲からくる光を弱めてしまっている．そこで星雲を電波と可視光で比較すると，その弱められた光を調整した星雲像，ようするにこのヴェールが

なかったらどう見えるかという姿を引き出すことができる（図 8.3b）．シータ 1C から紫外光子がすべての方向に出ているため，ヴェールの内側は光り輝いているはずだ．といってもシータ 1C から遠いので，星雲そのものよりは暗いだろう．

　星雲の三次元マップができ吸収線を調整した像を手にした以上，その 2 つを一緒にしてみるのは当然だろう．その結果，私たちの銀河系の一部が三次元の姿を現した．この銀河モデルは，2000 年にニューヨークにあるアメリカ自然史博物館でローズ科学センターがオープンしたときにプラネタリウムで使われた．星雲とその周辺領域の三次元モデルはコンピュータのデータベースに入れられ，宇宙のどこからでも，星雲の内側からでさえも，実際に見える姿を計算して見ることができた（図 8.4）．それに続いて，星雲の中の旅が計画された．もちろんこの旅行は短時間で行わなくてはならないので，アニメ映像は相対的効果を無視して，6 光年の距離を移動するのにたった 2 分間しかかからないのだった．

　こうして集まったデータのおかげで，現在（少なくとも今私たちが見ている光が発せられた 1500 年前）のオリオン星雲への旅ができるようになった．星雲は，ずっと昔分子雲の外側周辺で生まれた頃は，今とはずいぶん違っていただろう．そしていつか電離前線がオリオン分子雲の中深くに食いこんでいったとき，全く違った姿になるだろう．一番大きな変化は，シータ 1C が水素の燃料を使い果たして冷たくなり，星雲が暗く小さくなったときに訪れる．数千万年後には星雲はもはや目に見えなくなり，星雲内の星たちは散らばり始め，天の川銀河中の他の星たちの中に広がっていくことだろう．

図 8.4　トラペジウムの一番明るい星より東に 1 光年離れたところから，オリオン星雲と周辺の星々を見た姿．星雲の主要部分は中央下よりの明るいところになる．図 8.3a, b の左下の方に斜めに走るブライトバーは，この写真ではずっと左のほうにある．上の方の輝きは，星雲前面にある物質のヴェール内部からきている．これは，ハッブル宇宙望遠鏡で写した像と星雲の三次元構造に関する研究結果を結びつけて導きだされた．（American Museum of Natural History and the San Diego Supercomputer Center）

第 9 章

星はどこからきたの？

　子供の頃,「赤ちゃんはどこからくるの？」という質問をすると，コウノトリがつれてくる，というわけのわからない返事がかえってきたものだ．昔から，コウノトリがどこからか赤ん坊を運んでくるといってごまかされてきた．長い間，星の誕生に関する私たちの知識というのも，コウノトリと似たりよったりのものだった．1930年代になって，星は内部で核の火を燃やしてエネルギーにしていることがわかってくるにつれ，銀河系の中にある高温の巨大な星は若い星であり，つまり，星は今も生まれてきているのだということが明らかになった．若い高温の星は，星間ガスや塵と同じく銀河渦状腕に集中していたため，星の誕生は星間雲と結びつけられた．第二次世界大戦後に電波天文学が登場するまでは，私たちの知識はその程度にとどまっていた．1951年に星間中性水素が検出され，1960年代にはいると，電波天文学者は星間物質の中に様々な分子を発見するようになった．発見された分子数は今では100種類以上になっている．その分子は，のちに分子雲と呼ばれるようになった領域に集中していた．こういったことがわかってくると，分子雲こそ新しい星が生まれてくる場所にちがいないという認識が生まれた．そこには，地球の太陽の数百から数十万倍もの質量があったのだ．質量が大きければ，非常に重い星をいくつも生むだけの物質が十分にあることになる．

牛の内部の状態

　分子雲内部には主として2つの相反する力が働いている．圧力による外側に向かう力と，重力による内側に向かう力だ．重力が打ち勝つためには圧力をしのがなくてはならない．圧力というのは，前に話したように密度と温度によって決まってくる．圧力が高すぎたら，当然ながらその雲から星は生まれない．幸い分子雲内の温度は非常に低く10Kほどでしかない．そこまで低い温度というのは地球上では物理実験室で，ごくごく狭い範囲内でしか実現できない．ところが分子雲の場合，その大きさは数光年もある．

　分子雲内部がそれほど低温なのは，そこが信じられないほど暗いからだ．昔のことわざでいうと，「牛の内部のように暗い」*17 ということになる．内部に熱源がない場合，物質は外からの熱放射を受けて熱を吸収することによって暖められる．星間塵と星間ガスは完璧に混じりあっている．つまり，星間雲が形成されるとそこではガスと塵の両方が混じっている．E・E・バーナードの写真を見ると，天の川には，ほとんど星のない暗黒帯が無数にある．詳しく調べるとその暗黒帯は星のない領域ではなく，むしろそこに光を通さない暗い物質の雲があるのだった．分子雲というのは，要するにこういった領域の一種だ．その分子雲がその先にある星からの光を遮断するということは，星の光は分子雲そのものの中にさえ入りこめないことを意味している．分子雲の奥深くへ入るほどに地球大気と同じような流体的平衡状態になるので，巨大分子雲はどんどん密度を増していく．密度が増すともっと大量の塵が放射をさえぎり，温度は最低にまで達する．中心部の密度は非常に高く，1 cm^3 に数百万個の分子が詰まっている（平均的星間分子は1 cm^3 に1個の原子であることと比較してみよう）．

　分子雲内部の塵はガスよりいくらか温度が低いため，まるで夜になると露が草に降りるように，原子は冷たい塵の粒子に不規則にぶつかっていく．塵の粒の表面に一時的につかまった原子は，自由に動くガスだったときより凝縮されている．この凝縮によって原子はくっついて分子を作ることができる．分子に

---

*17 アメリカの古い慣用語．真っ暗な状態を，滑稽な感じで表現したもの．

よっては塵の粒子にくっついて氷結するが，おおかたの分子は他の原子がぶつかったときにたたき落とされる．こうしてゆっくりと分子雲の中心部では魔法使いの大鍋の中で煮詰められるように，ガス状の水やアルコール，ホルムアルデヒドや，もっと複雑な分子が生み出されていくのだ．だが水素のほとんどは二原子分子（H_2）となり，水素の次にたくさんある分子である一酸化炭素（CO）は2つの最もありふれた重い元素から作られる．電波望遠鏡でCOからの放射を検出するのは簡単なことだし，その方法で分子雲内の内部構造を普通に調べられる．この雲の中は非常に荒れ狂っていて強い磁場があり，それによってその雲が分裂して，中心に向かって落ちこんでいけるかどうかが決まってくる．分子雲内部にはさらに，10から数千倍の太陽質量をもついくつもの核がある．これらが星や星団の建築資材となる．

冷たい塊を，熱い星にかえる

実のところ，星が生まれる引き金となるものが何なのかは，最も重要な要素が高密度のガスだという以外ははっきりとはわかっていない．わかっているのは分子雲内は激しい乱流状態になっていて，そのためいろいろな塊が生まれ，その塊がいつか星になる候補者だということだ．ここで何かの引き金が必要だ．それは他の雲との衝突かもしれないし，なんらかの衝撃波かもしれない．引き金が引かれると，内側に向く重力が，それまで中心に向かって落ちこんでいくのを押さえていた外側に向かうガスと乱流の圧力に打ち勝ち，こうしてこの星になる前の雲は頑として収縮を始めるのだ．

星形成の初期段階では，重力による収縮がごく自然に起こっている．2つの物体の間に働く重力はその物体の質量に比例し，距離の2乗に反比例することを思い出しておこう．収縮している星間雲の場合，最初の雲が大きければ大きいほどこの力も大きくなる．つまり，大きい雲の方が質量の小さい雲よりもずっと早く収縮する．雲が地球の太陽の100倍くらいの大きさになって星といえる大きさになってくると，重力による収縮が，今や生まれたての星と呼ぶべき熱いガスの塊からの外側に向かおうとする圧力と争い始める．雲の中のガス粒子は，その中心部に向かって落ちこみながらエネルギーを得る．そしてプランクの法則に従って自ら光り始める．このとき放射するエネルギーは核燃料が燃

えてできるものではなく，収縮によって生まれる．この段階ですでに星になっているが，核燃料を燃やしてエネルギーを出し，流体的平衡を保ち収縮を終える段階には達していないので，主系列星前の星である．

この主系列星前の星のたどる道筋は，理論的に計算できる．様々な質量の主系列星前の星の道筋を計算した結果の一例を，図9.1に示す．質量の大きい星の方が軽い星より早く主系列星段階に達するわけだし，主系列星前の個々の星のたどる道がわかっているのだから，HR図上で若い星団が主系列に向かっている段階を調べることが可能となる．星団内にはいろいろな質量の星がいる．

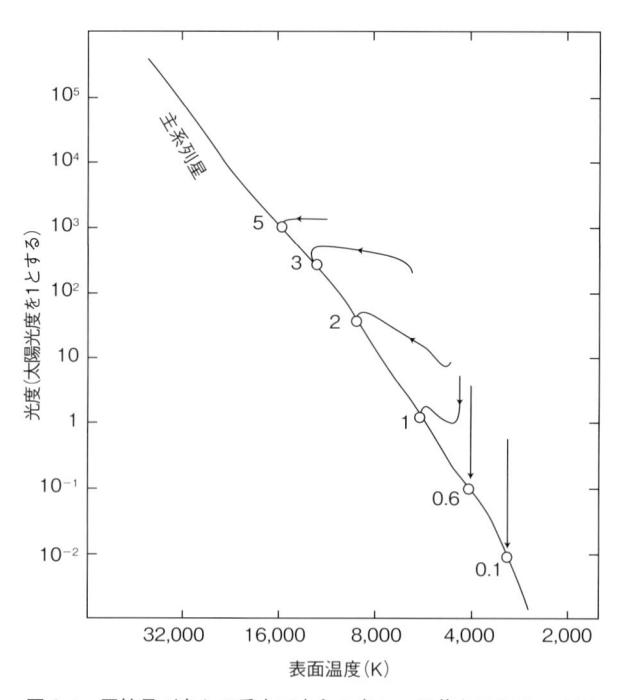

図9.1 原始星が自らの重力で中心に向かって落ちこんでいくにつれ，星の内部物質は押しつぶされて温度が上がり，光り始める．いつ水素原子が燃え始めてヘリウムに変わるかは，星の質量次第だ．図上で主系列についている番号は，地球太陽と比較した質量を示している．質量の違う原始星が主系列星に向かっていく道筋は，それぞれずいぶん違っている．

非常に大質量の星がいたら,その星は素早く収縮し10万年以内に主系列に達する.この星は水素燃料が枯渇して次の段階に進化していない限り,主系列上にずっととどまっている.そのとき同じ星団の中のほとんどの星はまだ主系列に向かっているところで,質量が多めの主系列星前の星は,質量の低い同い年の兄弟星とくらべて主系列に手が届く寸前にいるだろう.ということは図9.2に示すように,主系列星前の星の星団はHR図上に広く分布していて,その分布の仕方は星団の年齢によって決まることになる.これは年を取って先に進んだ星団の年齢を調べるときと似ている.その場合は,主系列上の星と,そこか

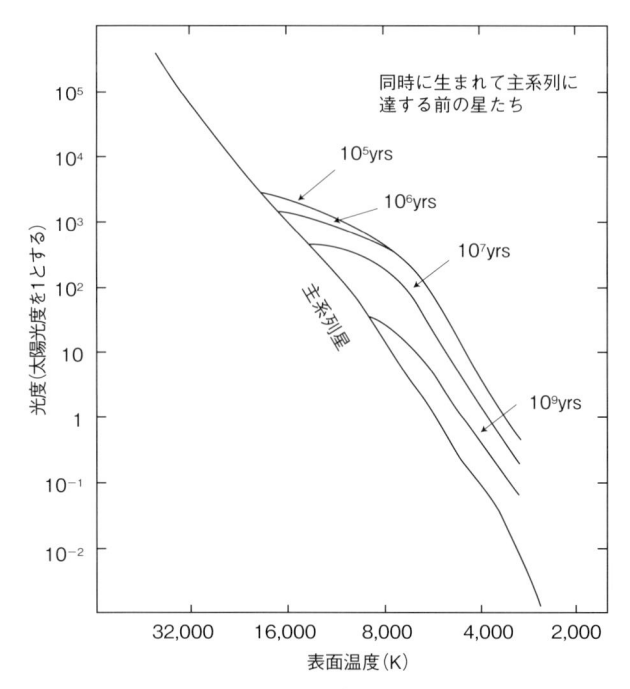

図9.2 質量の大きい星の方が早く主系列に向かって収縮していくので,同時に生まれた原始星は,この図のようにHR図の上で曲線状に並ぶ.いずれも最も質量の大きい星は,すでに主系列に達している.星団の星々が年を取っていくにつれて,主系列に達する星の数が増えていく.主系列星と原始星からなる星団の年齢は,HR図上のそれぞれの位置を比較すると,決定することができる.

ら離れた星の両方を調べることになる．若い星団の星の分布をHR図で見ると，いくつかは主系列星になっているし，温度の低い星は主系列より上のほうにいるだろう．主系列星のうち一番質量の大きい星は，その星団の年齢に関しては約10万年以上だが，その中心部で水素の燃料を使い果たす年代にはまだ達していないこと以外は何も教えてくれない．だが，図9.2で温度の低い星の分布を調べると，その星団の年齢がわかってくる．

回転によって，ますます複雑さが増す

　星の誕生は角運動量のせいで，小さいガス雲がただ収縮していくよりはるかに複雑になっている．線運動量は，動いている物体が直線運動を続けようとする特性のことだ（第6章で説明したように，遠心力を生み出す元となっている）．角運動量というのはそれと似ていて，回転している物体が回転し続けようとする特性だ．角運動量の大きさは，物体の質量と回転速度と質量の分布状態によって決まる．一般的にいって，主系列星前の星になるために収縮を始めた小さい雲はすべてある程度の回転をしている．

　主系列星前の星が収縮を始めると，物質は圧縮されていく．止めようとする何らかの力が働かない限り，角運動量は一定に保たれる．ということは物質が圧縮され小さくなるにつれて，物体は速く回るようになる．回転しているフィギュアスケートの選手が腕を身体に引きつけると回転速度が上がるのは，この角運動量保存のためだ．やがて，図6.1で説明した状況に達する．つまり，回転による外向きの遠心力と内側に向かう重力が同じとなり，物質は準平衡状態に達しそれ以上収縮しなくなる．これは主系列星前の星全体がそうなるのではなく，むしろ星の赤道周辺でだけ起こる．その結果としてガスと塵の円盤上に物質が残され，それ以外はほとんど球形の星となる．太陽系はこのようにして生まれた．惑星は，この厚みのうすい円盤（黄道と呼ばれる）上に残された物質から生まれた．そのため惑星がもつ質量は太陽系の0.13パーセントでしかないのに，角運動量は98パーセントももっている．

　ひとたび円盤が形成されると，密度がどんどん上がり物質の粘性が増すために新しいことが起こってくる．まず，粘性のために物質のいくらかは角運動量を失い軌道から離れ星に向かって落ちていく．実際のところ，物質は円盤の内

側に重力的に引かれ続けていくようだ．そして角運動量を失ったのち，生まれつつある新しい星に物質が供給される．この段階で星はその質量を2倍にも増やすことが可能だ．

恒星，褐色矮星，惑星

水素は宇宙で最もたくさんある元素であり核燃料である．第6章で詳述したことをもう一度復習しておいていただきたい．星の中心部の温度と密度は，星の質量と切り離せないほど深く関わっている．そのため太陽質量の8パーセント以下の質量しかない星は，水素が燃えてヘリウムになるほどには決して熱くならないし，密度も高くならない．つまり，HR図上の主系列星は太陽質量の8パーセント以上の物体から始まるということになる．

ここで，重水素が燃えてヘリウムになる場合も忘れてはならない．重水素というのは水素原子の一種で，中心核に中性子を1個もっている．これはいわゆる同位体と呼ばれるもので，一般的には水素の全体量の0.0015パーセントしか存在しない．だが，重水素は普通の水素より核燃料として燃えてヘリウムになりやすい．実際のところ，地球上で安価なエネルギー源として原子核燃料を利用するのに使われるのは，この重水素だ．豊富にある海水からこの稀な利用価値の高い原子を分離すればいいわけで，それは安価にできる．重水素は簡単にヘリウムに変換できるので，それが燃える星の条件は太陽質量の1.3パーセントにまで下がる．そこで太陽質量の1.3〜8パーセントの質量の星は褐色矮星と呼ばれる．その表面温度は普通の星よりずっと低く1400 Kでしかない．

太陽質量の1.3パーセント以下の物体（これは木星の13倍の質量にあたる）は，リチウムという非常に稀で化学的反応性の強い元素を除いて，決して内部に核の火がつかない．こういった物体は重力収縮によって出る熱のせいで光るために，惑星として分類される．正確な名称は，その形成の仕方によって違ってくる．恒星のまわりの円盤から生まれたのならば，惑星だ．星と同じような過程をへて生まれた物体は，質量が同じでも主系列前の星を回る円盤から生まれた物体とは相当に違ってくる．そういった天体は，さまよう流浪惑星とか浮遊惑星などと呼ばれる．惑星（planet）と恒星（star）の中間ということでプラネター（planetar）と呼ばれることもある．

小さい星の数，大きい星の数

　星が生まれる寸前の段階に関しては，かなりよくわかっている．というのは，自分で光りだすので高感度カメラや分光器などを使って可視光や赤外線で観測できるからだ．同じように，分子雲内部で何が起こっているかに関しても相当のところまでわかっている．ではまだ解明されていないのは何かというと，どのようにして星の収縮が始まるのか，引き金は何かということだ．収縮が始まる前は，星雲の中の物質しか見えない．そしてひとたび収縮が始まると，星は図9.2上の収縮線の始まりの点にまで素早く達してしまう．この収縮の初期段階に関して私たちがわかっていることは，「コウノトリがつれてくる」レベルにとどまっているのが実情だ．

　何が起こっていようとも，大量の物質が関わっているらしい．ほとんどの星は巨大な分子雲の中から，星団としてまとまって生まれる．星は1つずつ別々に生まれるのではなく，一度にたくさん生まれてくるのだ．オリオン星雲の場合，約3500個の星がいて，全体として太陽の1500個分の質量がある．個々の星に別れたのは瞬時にして起こったことではないが，100万年以内という短い期間内に集中している．大きい星は，分子雲の中心にいくほど密度が高いので，分子雲の中心近くで形成されている．

　この初期の星に別れていく過程については今のところ確かによくわかっていないが，手がかりはある．星雲のどこからでも，生まれてくる星の質量の分布が似通っているのだ．この分布は初期質量関数と呼ばれる．図9.3はオリオン星雲内の星々の初期質量関数を示している．最も質量の高い（高温の）ところには数個の星しかないが，質量の低い（冷たい）星の数は，ここで示されている数字は単に観測できるかどうかの限界でしかなく，星雲の輝きに埋もれて見えないほど暗い星があるのだ．中間の質量あたりはかなり正確にわかっていて，一番数が多いのは太陽の0.2倍くらいの質量の星だ．だが明るさに関しては，最も高温の星が主役になってくる．太陽の3倍の質量の星の数は0.3倍の星の10分の1しかないが，質量が3倍の星は明るさが1000倍になるので，全体として0.3倍の星より100倍の明るさをもっていることになる．電離した星雲の構造は高エネルギー紫外線放射から決定されるので，ここで重要なのはご

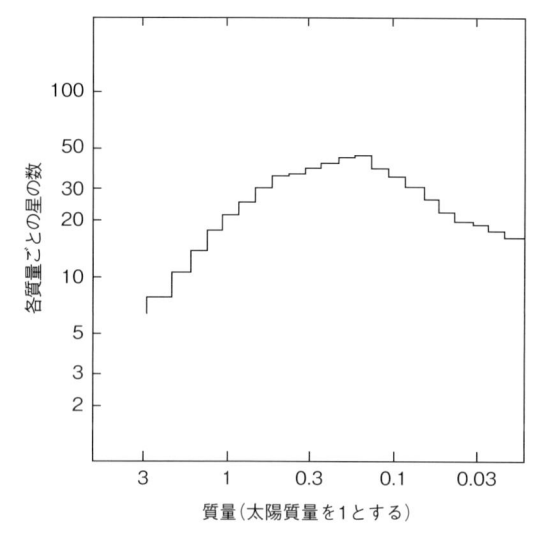

図9.3 どれくらいの物質からいくつくらいの星が生まれるかは，分子雲の中から原始星が生まれてくる詳細がいまだに謎であることから，はっきりとはわかっていない．質量が非常に大きい星の数は少ない．数が一番多いのは，太陽質量の25％前後の質量をもつ星だ．太陽質量の8％以下の質量しかない星は褐色矮星となる．この星は内部で水素を燃やしてヘリウムを作ることは決してない．

く少数の星だけだ．実際のところ，シータ1Cは近くにある2番目に明るい星より20倍の電離放射を出している．図上右側の，最も質量の低いあたりでは，太陽質量の8パーセント以下の星は褐色矮星で，内部で水素燃料が燃えることは決してない．図9.3にはプラネターは入っていない．最新の研究でオリオン星雲にもそういった天体があることがわかったので，それに関しては第11章でふれることにしよう．初期質量関数は他の多くの星団でも似通った数値を示しているので，オリオン星雲で起こっていることは，おそらく私たちの銀河系の他の部分で起こっていることと同じだと考えていいだろう．

第10章

ハッブル宇宙望遠鏡

1990年4月24日，ハッブル宇宙望遠鏡が地球軌道に放たれた．20年の年月をかけ多額の費用を費やし，集中的計画と工学技術の粋を集めて完成したハッブルは，最初から独自の科学を生み出し，初期の危機を生きのび，歴史上最も名の知られた天文台となった．本章ではこの天文台が建造されることになった経過について語り，その開発におけるちょっとした内輪話を披露しよう．

晴れ上がった空でも十分でない

第5章で地球大気がどのように地上からの観測に影響を与えるかについてお話しした．私たちは光の窓と電波の窓から入ってくる電磁波を観測できる．電波観測はアンテナの大きさで像の質が制限されるが，曇っていても観測できるという利点がある．光の窓は空が晴れていないと観測できないが，電波の窓よりは質のいい像を作ることができる．

像の質は角分解能と呼ばれるもので表す．これは2つのくっきりした光源を互いに近づけていって，なおかつ2つの光源に分かれて見えるぎりぎりの分解能を意味している．もうひとつそれと関係して像の質を測る方法は，非常に小さい光源の幅だ．望遠鏡が結ぶ星像は中心部が一番明るくなっていて，中心から離れるに従って急速に暗くなる．円錐状の山の頂上から見下ろしているような感じだ．像の幅は通常，半値幅と呼ばれるもので表す．星像の最大光度の半

分の明るさのところまでの像の直径のことだ．普通この幅は角分解能に非常に近い．第4章で，電波望遠鏡の場合，角分解能は波長を望遠鏡の大きさで割った数値によって決まってくることを学んだ．いわゆる回折限界だ．同じことが精密に作られた光学望遠鏡にもいえる．つまり，パロマーの5m望遠鏡は完璧にいけば0.03秒（秒角）の像を作ることができるはずだ．だが実際には完璧にいくことなどなく，大気のせいで像の質は0.03秒よりずっと悪くなっている．

　秒角とは何だろう？　非常に小さい角度を測る単位だ．1度は3600秒にあたる．太陽と月は両方とも約1800秒の視直径をもつ．人間の目は50〜100秒の角度を分解することができる．

　地上の望遠鏡が結ぶ星像の大きさは約1秒だ．これは10 cmの望遠鏡が作る最良の像の大きさにあたる．10 cmより大きい望遠鏡でも，星像の大きさは望遠鏡ではなく地球大気によって決まってくるので，約1秒で変わらない．ここには実に重大な限界があるのだ．

　犯人は，地球大気中の温度が細かい比率で変動していることにある．それぞれ温度の違う乱れた空気の塊が，入ってくる星の光を微妙に曲げてしまうのだ．望遠鏡が大きければそれだけたくさんの温度の違う空気の塊を通して星を見ていることになる．するとそこにできる星像は，あちこちの方向に曲げられた光の組み合わせになる．星像は静止しているが，ぼんやりとしてしまう．

　17世紀初頭頃の望遠鏡は，小さくて光学の質もよくなかった．角分解能は大気ではなく，望遠鏡の大きさと質に左右されていた．だが18世紀に入った頃から大型で高品質の望遠鏡を作ることが可能になってきたので，すでに3世紀にわたって，星像のシャープさを決定するのは望遠鏡の大きさではなくて地球大気になっている．これはつまり，たとえ5mの望遠鏡を使っても，非常によくできたアマチュアの25 cm鏡よりシャープな像を見ることはできないということだ．だがもちろん，望遠鏡が大きければ集める光の量が多くなるので，星像は明るくなる．

　星像の質はさらに，時間，場所，観測する波長にも左右される．たとえ同じ場所でも星像の質は一晩の間に変化し，暑い1日が終わって温度が下がっていく間や，風の状態などによっても変わってくる．場所による違いは大きい．パ

ロマー天文台では平均的な像の大きさは2秒角くらいだし，ハワイのマウナケアでは1秒よりいくらかましなくらいになっている．一般的にいうと，像は波長を大きくするほどよくなる，つまり小さい像になる．というのは，同じ温度差だと波長の長い光ほど曲がる角度が小さくなるためだ．望遠鏡の大きさに対する波長の比率が大きくなるまでこの傾向は続き，それ以上になると大気ではなく回折によって像の良し悪しは決まってくる．最適な場所，波長，時間を選べば最良の観測ができる．大気によるゆらぎを回避するなかなか有望な手段が完成されようとしてはいるが，それでも，どれくらいシャープな星像を結べるか，つまりどれくらい詳しく宇宙を観測できるかに関して，地球大気が根本的な束縛となっている事実はゆるがないのだ．

大気の攪乱をだしぬく

　大気の攪乱がもたらす根本的な限界は，ずいぶん前から知られていた．ヤーキス天文台のジョージ・エレリー・ヘールが1.5mの反射望遠鏡を建造するときに，当時すでにヤーキスの1m鏡があったウィスコンシンではなく南カリフォルニアを選んだ理由の1つは，この大気の攪乱だった．それ以来，天文学者たちは最高に晴れ上がった空と最高にシャープな像を得られる場所を探し求めてきた．そしてその結果として，ハワイのマウナケアの山頂に13機の望遠鏡がひしめきあうことになった．だがマウナケアの最高級の状態でさえも，大気の攪乱は大きな問題だった．決定的な解決法は地球大気の上に超大型の望遠鏡を設置することだというのは，すでに半世紀にわたって言われてきたことだったのだ．

　この解決法は，受け入れられるまでに時間がかかった．大学院を卒業したての頃，私はウィルソン山とパロマーのどちらかの天文台で毎月観測をしていた．もちろん毎晩晴れるわけではないから，おかげでおもしろい手紙の束を読む時間がたっぷりとあった．たいていの天文台にはおもしろい手紙をファイルにしたものがあるのだが，それはプロの科学者に提案したいアイディアをもっている人から勝手に送られてくる奇想天外な内容の手紙の束だ．たいていの場合は科学的な知識のあまりない人が書いてくる．この手紙の一般的なテーマは「すべてに関する理論」で，手紙の書き手は自分が発見した法則と観点で，ど

んなことでも説明できると自信をもっている．宇宙をできる限りシンプルに説明したいという欲求は，人間誰もがもっているものらしい．まあおおかたの手紙は，受け入れがたい内容だった．だが，ウィルソン山の手紙のファイルに入っていた一通の手紙は違っていた．それは建設にやたらと時間のかかった5m鏡の建造中に送られてきたもので，パロマー山の頂上に望遠鏡を建設するのは間違ったことだ，そのかわりに望遠鏡を巨大な気球からつり下げて地球の大気の上までもっていけば，撹乱による大気のゆらぎがなくなると書かれていたのだ．当時その案は実用的ではなく，その手紙はおもしろ手紙のファイルにおさまることになったわけだが，そのアイディアはある重要な点で時代を先行していたのだ．

　合衆国内で最も精力的に活動している天文学グループの1つは，プリンストン大学にある．現在のような形態は，1947年に当時33歳だったライマン・スピッツァー（図10.1）が天文学部の教授兼学部長として着任したときに始まる．着任と同時に，スピッツァーはマーチン・シュヴァルツシルトをコロンビア大学から引き抜いて，プリンストンに連れてきた．スピッツァーは大気圏外から観測することですばらしい可能性が開けることに確信をもっていたし，プリンストンの天文学者とエンジニアは，やがてハッブルの建設に結びつくことになるいろいろなプロジェクトに乗り出したところだった．中でも最初のプロジェクトは気球に高精度の望遠鏡をのせて地球大気の上層部まで飛ばすというもので，まさにウィルソン山の例の手紙が言っていたことだったのだ！　1959年の夏に，この最初の飛行が実施された．ストラトスコープⅠ（成層圏望遠鏡）と呼ばれ，30cmの望遠鏡を搭載して空前の分解能の太陽像を捕えた．それに続いてさらに大掛かりなストラトスコープⅡでは91cmの望遠鏡で，暗い惑星状星雲と恒星を長時間露出で撮影しようとした．この計画はいろいろな問題に悩まされ，科学的観点からはわずか数回の飛行だけが成功したにすぎなかった．だがそこで得られた経験は貴重なものだった．プリンストンの科学者やエンジニアの一部は，そのまま軌道上望遠鏡につかえる技術開発計画を続行したし，他の人たちはコペルニクスと名づけられ大成功に終わった3回目のOAO（軌道上天文台）計画に参加した．このOAO計画は1970年代初頭に紫外線の高分解スペクトル撮影に成功している．だがそのとき，プリンストンの

図10.1　卓越した天体物理学者であり，ロケットや衛星に搭載する機器の開発で優れたリーダーであったライマン・スピッツァーは，ハッブル宇宙望遠鏡の生みの親と見なされている．私生活では，熱心なロッククライマーで，登山家でもあった．この写真は，1967年7月，ロバート・M・ペトリー山の頂上近くで，初登攀中に著者によって撮影された．

グループは，非常に似通った撮影技術が全然別の目的で開発されていることを知らなかったのだ．

　国家の安全のためには，敵に関する情報収集が重要となってくる．スパイ活動の手段として，写真に撮る方法があった．南北戦争のときでさえ，空中からの監視は重要な情報源だった．気球に乗った北軍の偵察者たちは，第一次世界大戦中の飛行機と同じように標的になりやすく危険だったが，偵察手段としては最高だった．第二次世界大戦の頃には武装を解いて軽くなった軍の飛行機が追っ手より高く飛べるようになり，比較的安全に偵察ができた．この技術革命はU2シングルエンジン偵察用飛行機の開発につながった．U2は冷戦時代，旧ソ連の防衛システム上空を隠密裏にうろつきまわり，1960年にその1つが撃ち落とされパイロットがつかまる[18]まで偵察を続けた．この事件はアメリカ合衆国にとっては相当な挫折だった．代わりに宇宙に衛星を打ち上げれば，

---

[18] 旧ソ連の地対空ミサイルに迎撃され，U2 パイロットのゲーリー・パワーズが捕えられた事件．大問題となり，アメリカ合衆国は旧ソ連に対するスパイ行為を認めざるをえなかった．

同じ目的を安全に遂行できることは明らかだ．どんどん大きい望遠鏡が作られ，人工衛星に搭載されて動き出した．だがそこでは，望遠鏡は常に地球の方を向いていたのだ．その多くは撮影対象に近い方がいいので地球低軌道に乗せることになり，そのため上層大気に引かれて寿命が短かった．最初の頃は現像していないフィルムをポッドに入れて大気圏に再突入させ，そのパラシュートの布を空中で飛行機が引っ掛けて回収していた．その後，電子検出器を使って画像を地上の基地に送るようになった．まさにこの同じ技術を，天文学者たちは宇宙を見上げるために求めていた．だが，この偵察衛星は地球の表面を見下ろすためにだけ作られていたのだった．

望遠鏡は，何を観測するかによって違ったものになる．天体望遠鏡は空の一点にむけて静止し長時間露出をするのに対して，偵察用望遠鏡は素早く動く対象を短時間露出するだけだ．両者が必要とするものは相当違っていたが，共通する要素もたくさんあった．たとえば非常に精密で軽い反射鏡を作ることなどがそれだ．アメリカ合衆国国防技術は秘密裏に開発されてきたが，プリンストンの動きと平行していて，その基本的ノウハウはやがてハッブルに利用されることになっていった．

ずっと以前からあった宇宙望遠鏡の構想

ハッブル望遠鏡のような構想は，宇宙飛行が現実味を帯びた空想にすぎなかったのと同じくらい昔からあった．ドイツのロケット開発の先駆者だったハーマン・オバースは，"By Rocket into Planetary Space" という本の中で，地球軌道上の大型望遠鏡で観測することの利点を挙げている．この構想はずいぶんと時代を先行していた．というのは 1923 年当時，現代の液体燃料ロケットはまだ夢でしかなかったのだ．第 5 章で書いたように，液体燃料ロケットの技術は 1930 年代から 1940 年代初頭にかけてウェルナー・フォン・ブラウンと彼のドイツ人チームが開発したもので，その V2 ロケットの残りは，最終的にはアメリカ合衆国に持ち込まれた．アメリカ人のロバート・ゴダードが液体燃料ロケットの先駆者ではあるが，彼の業績はあまり知られていないし，評価もされていない．というわけで，残存の V2 ロケットを手に入れて初めて，アメリカ人は宇宙飛行の潜在性に気づき，政府は宇宙船を利用することで開ける可能

性をさぐるプロジェクトに予算をつけるようになった．当時エール大学にいたライマン・スピッツァーはこのプロジェクトに参加していた．彼は軌道上天文台を強く勧めていたが，そのときの報告書は秘密文書扱いになっていたので，天文学者の間ではあまり知られていない．だが，1958年にNASAが創設され長期目標を挙げ始めた．1962年に米国科学アカデミーの宇宙科学委員会が，ハッブルのような天文台をNASAの長期目標として提案した．これに続いて1966年にはスピッツァーが議長を務める研究委員会ができ，1969年にスピッツァーの書いた「大型宇宙望遠鏡の科学的利用（Scientific Uses of the Large Space Telescope）」というレポートで，宇宙天文台の利点が明確に示された．最初の頃に使われていた「大型宇宙望遠鏡」という名前は，途中で「宇宙望遠鏡」に変わっている．「ハッブル宇宙望遠鏡」という最終的な名前は，建設の終わり頃になって決まったのだ．続々と出てくる技術研究計画と，1972年まで打ち上げられていたOAO（軌道上天文台）が宇宙望遠鏡プロジェクトを信頼性の高いものにしていた（天文学者はもちろんNASA内部でもほとんど知られていなかったが，例の偵察衛星もその役に立っている）．1971年，当時NASAで天文プロジェクト長を数十年続けていたナンシー・ローマンが，ハッブルの建造に必要とされる正式な技術的研究の諮問委員として，一連の科学者グループをNASAに招集した（私もその科学者のひとりだった）．当時考えられていた口径は，スピッツァーの委員会が提案していた3mというきりのいい数字だった．1972年，プロジェクトは予備設計の段階に入り，私はプロジェクト・サイエンティストとしてヤーキス天文台からアラバマ州のハンツビルに移った．ナンシー・ローマンは，NASAヘッドクォーターのプログラム・サイエンティストとしてNASA上層部内でハッブルを代表する責任を負うことになった．

ハッブル建設時の内輪話

　NASAが，プロジェクト・サイエンティストをNASA職員の中から選ばなかったことと，私の着任先がNASAの天文活動の中心だったゴダード宇宙飛行センターではなくマーシャル宇宙飛行センターだったのは，意味深長なことだった．それは政治的に正しい決断だったといえる．というのは，当初ハッブ

ルはアメリカの天文学者の間でそれほど広く支持されてはいなかったのだ．そういう場合，その重要な天文計画のリーダーを新しく雇うことによってプロジェクト自体が信頼されるようになり，さらに他の優れた人たちを引きつけることになる．地上望遠鏡派の天文学者たちは，ハッブルはすばらしい目標だが，その半分の予算で大型の地上望遠鏡をいくつも作った方が科学的な成果は大きいといってハッブルに反対した．こういった天文学者が思いつきもしなかったのは，現実には物事はそう単純には運ばないということだ．ハッブルを建設するのをやめたからといって，アメリカ国立科学財団の予算がそのまま地上望遠鏡に回されるわけではないのだ．1973年までには，アメリカとヨーロッパの主だった研究所から研究者の一団（宇宙望遠鏡科学部門）が招集された．その科学者たちの一流の知識，かつ一流の科学者たちが進めていることからくる信

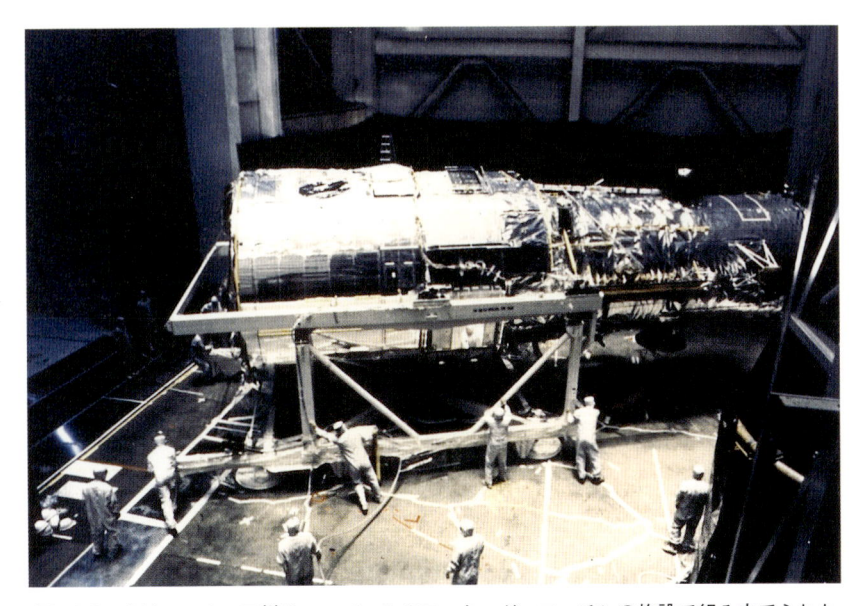

図10.2 カリフォルニア州サニーベールのロッキード・マーチンの施設で組み立てられた直後のハッブル望遠鏡．部品は，ロッキード・マーチンや，他の施設で作られた．望遠鏡を動かしているのが人力だけであることに注目してほしい．巨大望遠鏡とそれを支えている台はエアークッションに乗っているため，動かすのにこれ以上の力は必要ないのだった．（著者所有写真）

頼のおかげで，ハッブル計画は社会全体から受け入れられるようになり，ハッブル計画存続のために議会へ働きかける必要ができたときなど，国会議員に協力を要請できるようになった．

　NASA の各研究施設は NASA 本部の下部組織だ．だがそれぞれの施設が独自の歴史と専門をもっているし，ある程度の競争意識もある．マーシャル宇宙飛行センターはサターンロケットの開発以来，工学部門が強かった．アメリカの V2 計画の終了する頃にハンツビルに移っていたウェルナー・フォン・ブラウンと彼のチームは，そこのレッドストーン兵器工場内で新しいロケット開発に携わり，ロシアがスプートニクを打ち上げた直後にアメリカ最初の衛星を打ち上げていた．NASA が創設されたとき，フォン・ブラウンのチームは同じ場所に NASA 施設としてできたマーシャル宇宙飛行センターの中心核となったのだ．1960 年代の終わりになるとアポロ計画の終焉が近いことは明らかで，マーシャルの主要製品（ロケット）の需要がなくなろうとしていた．フォン・ブラウンは新しいプロジェクトを模索し始め，その中には巨大な科学搭載機器の開発も含まれていた．主任科学者だったアーンシュト・シュトゥリンガーの協力で，フォン・ブラウンは，3 人の科学者（ハーバート・フリードマン，ピーター・メイヤーと私）を招集して，どのプロジェクトを進めるべきか意見を求めた．私は，大学院生だったとき以降宇宙計画に深くかかわってはいなかったのだが，NASA の天文ミッション委員会のメンバーだった．ハーバート・フリードマンはアメリカの V2 計画のはじめから，長い間宇宙計画に密接にかかわってきていた．ピーター・メイヤーは，専門の宇宙線物理の研究で宇宙計画に加わってきていた．メイヤーはドイツでシュトゥリンガーがドイツ陸軍に招集される寸前まで，シュトゥリンガーの学生だった．ユダヤ人だったメイヤーは，第二次世界大戦が終わるまでキリスト教徒の家族にかくまわれていたそうだ．フリードマンとメイヤーと私はいくつかの計画を推薦し，その 1 つがハッブルだったのだ．

　当時マーシャル宇宙飛行センターに天文学者の集団がいなかったおかげで，外から専門家を引きずりこんで，彼らの希望に合わせてハッブル計画を楽に進めることができた．続く 10 年間，私はエンジニアたちと一緒に，科学的に必要なものを見出しそれを工学的な必要に置き換えるために熱心に働いた．1977

年，ハッブルの建設にゴーサインがでた．個々の科学装置の開発と望遠鏡建設のために，科学者たちが選び出された．ハッブル計画を間接的に生み出す元となった研究をしたプリンストンの天文学者が，だれひとりその中に入っていなかったのは痛ましいことだった．プロジェクトのごく初期の段階で集中的に関わったことが仇となって，彼らはその技術的アプローチから離れることができず，それはあっという間に時代遅れになってしまっていたのだ．

ハッブルの運営をどうするかという問題がでたとき，困難にぶち当たった．ゴダード宇宙飛行センターはOAO（軌道上天文台）計画のときと同じ役割を担うつもりでいたし，IUE（国際紫外線探査衛星）の計画ももっていた（これは後年，大成功をおさめた）．外部の科学者たちはハッブルを自分たちで管理したいと考え，当時著しい成功をおさめていた国立天文台や国立電波天文台の例にならって，アメリカ国立科学財団の基金を使って独立した科学団体が運営することを検討した．しかしながらNASAは科学衛星利用の管理をしてきていたことから，独立したセンターという考えには非常に抵抗があった．結局，国立天文台を運営している組織が選ばれ，ジョンズ・ホプキンス大学の近くに宇宙望遠鏡科学研究所（Space Telescope Science Institute）が設立された．ハッブルを利用する科学者はこの研究所を通して研究をし，一方でNASAのゴダード宇宙飛行センターが実際の天文台の運営と，約3年ごとに必要になるスペースシャトルでの修理ミッションを実行する中心的な役割を担うことになった．

ときを同じくして，NASAは天文台と搭載科学装置の1つに電力を供給する太陽電池アレイをヨーロッパ側が受け持つという同意をESAとかわした．ESAは同時に，宇宙望遠鏡科学研究所のスタッフの一部も受け持つことになった．ESAの財政的な分担は現在まで続いており，全体の15パーセントになっている．ESAに所属する国々の科学者たちは，それに見合った観測時間をもらえることになっている．

11年後の1983年に，私はプロジェクト・サイエンティストを辞した．その1年前，ハッブルの打ち上げが間近にせまり常勤のプロジェクト・サイエンティストは必要なくなったときから，私はライス大学に移っていた．科学者として研究生活に戻るか，それともNASAの管理職にとどまって定年をむかえる

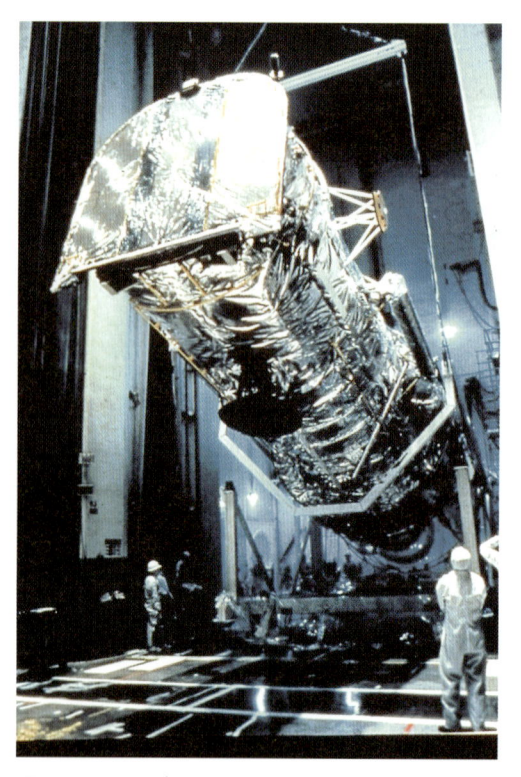

図 10.3　ハッブル望遠鏡を組み立てたロッキード・マーチンの施設内にある振動試験チャンバーに入れるために，望遠鏡を直立させようとしている．この試験で，ハッブルは打ち上げ時の激しい振動に耐えられることがわかった．(著者所有写真)

か，どちらかに決めるときだったのだ．NASA での仕事は非常に楽しかったしマーシャルでは次席科学部長の職についてもいたが，私は管理職につくために科学者になったのではない．ところが 1983 年には，技術的問題と財政的問題から打ち上げが大幅に遅れることが明らかになった．そこで新しいプロジェクト・サイエンティストが任命され，私は引き続き科学部門の一員として残り，ハッブル望遠鏡全体が関わってくる問題の責任を負うチームの主任となった．おかげで，私は研究活動に戻り，ハッブルを使った研究の準備ができるよ

うになった．結局のところ，ハッブルを使って研究することこそが長い間の私の目標だったのだ．だが，最初のハッブル利用者になるには1つの障壁があった．最初の利用者というのは，1977年に選ばれた人たちだ．その選抜を行った組織のメンバーだった私は，最初の利用者の中に入っていなかった．シカゴ大学の終身教授職を辞し，このプロジェクトのために11年働き，それでもなおハッブル望遠鏡を使うことは保証されていなかった．それなのに，シカゴ大学のかつての同僚たちは保証されていたのだ．

　そのとき，人生最大の驚きが私を待っていた．ゴダードで開かれた科学部門のある会合のレセプションで，私は天体写真と署名の入った記念額を贈られた．その額には，ハッブルの最初の利用者として選ばれた70人の科学者全員が，自分の観測時間の一部を私に贈ることが書かれていた．そのおかげで私はみんなと同じ観測時間が保証されたのだった．なんというすばらしい贈り物だろう．科学的に通用する最も価値の高い通貨ではないか！　NASAヘッドクォーターは，この科学者たちの自発的な行為を経済的に援助してくれた．私の観

図10.4　ハッブル宇宙望遠鏡の建造は，莫大な資金と何十年にもわたる努力をする価値があると考えられた．それは，結果として間違っていなかった．（Space Telescope Science Institute, NASA/ESA）

測時間はだいたい 42 回軌道を回る間（3日より少し長いくらい）に相当した．私はここで，ライマン・スピッツァーがハッブルを生み出すために深くかかわってきたが，彼の提案したカメラはハッブルの計器として選ばれなかったことを考え，自分がもらった観測時間を彼と半分にわけ，彼に自由に観測してもらうことにした．保証された観測時間をもつことは大いなる喜びだ．その時間をライマンと分け合うことができたことに，心から満足している．

つまずき

　ハッブルのような複雑な衛星の打ち上げ直後の調整期間中は，いつだっていろいろなトラブルが起こり問題が残されるものだ．だが，誰もが全く予想もしていなかったことが起こったのだ．NASA やコントラクターの人たちのあらゆる努力にもかかわらず，ハッブルが作る像は期待していたものとはかけ離れていた．その上，衛星自体が地球の影の中を出入りするときに振動するのだった．像の問題は，ハッブルで行う観測に根本的な枷をはめることとなった．振動の問題は，搭載コンピュータのプログラムを一部変更することでほとんど完璧に取り除くことができた．だがどちらの問題も，1 回目のスペースシャトルによるミッションで大修理を必要としたのだった．

　光学的問題は主鏡にあることがすぐに判明した．主鏡は非常に高精度に製造されている．ということは，問題は精度試験の方法にあったということになる．精度試験は，主鏡の形が設計通りに磨かれているかどうかをモニタリングしながら進めるようになっていた．この試験結果をみると，主鏡面の最適形状からの誤差は，設計仕様の最低限度よりはるかによかったことははっきりしていた．問題は，その形状がそもそも間違っていたということだったのだ．

　どうしてこんなことが起こったのだろう？　これを理解するためには，まずどのようにして鏡の形状が決められるかをお話ししなくてはならない．球面鏡のテストは非常に単純だ．19 世紀に，ジャン・ベルナール・フーコーが球面鏡の精度を検査する方法を考案した．球面鏡の中心に人工の星の光を当てると，その星の像は光源の隣に結ばれる．そこで鋭い刃を使ってその像を覆うと，球面鏡は明るい平らな円盤になって見える．研磨するときは，明らかに平らでない高かったり低かったりする場所を磨いて，鏡面が平らに見えるように

すればよい．現在では，平面性をずっと精密に測ることのできる干渉計を使うようになっているが，基本的には同じやり方が使われている．他の形状の鏡は，フーコーテストでは平らにならない．ハッブル望遠鏡に使われている光学系は，20世紀初頭にジョージ・ウィリス・リッチーとアンリ・クレチアンによって開発されたものだ．このリッチー・クレチアン式は，主鏡の形状が非常に複雑だが優れた特性がある．

ハッブルの主鏡のテストには，人工の光を使って，主鏡が正確に正しい形状をしていれば，それを見たときに平らに見えるように修正する装置が使われた．この複雑な試験装置のおかげで，ハッブルの鏡のテストは球面鏡のテストと同じくらい単純になった．さて，このテスト結果が間違いなく平らな面を示していたことは確かだったので，問題は，試験装置そのものにあったのだという結論にいたった．この試験装置には3つのレンズ（2つの反射鏡と，1つの屈折レンズ）がついていて，それぞれが非常に精密に製造されていた．そこで，この3つのレンズが試験装置の中で互いに正しい場所に置かれていたかどうか，というところまで問題をしぼることができた．驚いたことに，レンズの1つが1.3 mm 程ずれていたのだった．これは予想誤差より1000倍も大きい数字だったのだ．

このレンズの置き間違いは，奇妙なミスによって起こった．光学装置を使って，非常に正確に間隔を測るロッド（物差し）の位置を決めようとしていた．このロッドの磨きあげられた先端の中心点を見るために，そこにはキャップがはめられていた．このキャップの中心には穴があいていて，測定装置はこの穴を通してロッドの先端を見るようになっていた．キャップは黒くコーティングされているので，光学測定装置を動かしてキャップの穴を捜すとき，穴を通った光だけが見えるわけだ．ところが，穴の端のところでコーティングが欠けていたのだ．そのため，測定者はロッドの先端ではなくキャップから出た強い光を追ってしまったのだ（図10.5）．さてこうして測定した場所にレンズを置こうとしたとき，その場所にワッシャーを補足しなくては置くことができなかった．ワッシャーの補足などという特殊な出来事は，危険信号が出されるべきところであったのに，簡単に文書に書かれただけにすぎず，マーシャルにいたハッブルのプロジェクト・マネジャーにまで報告が届かなかった．

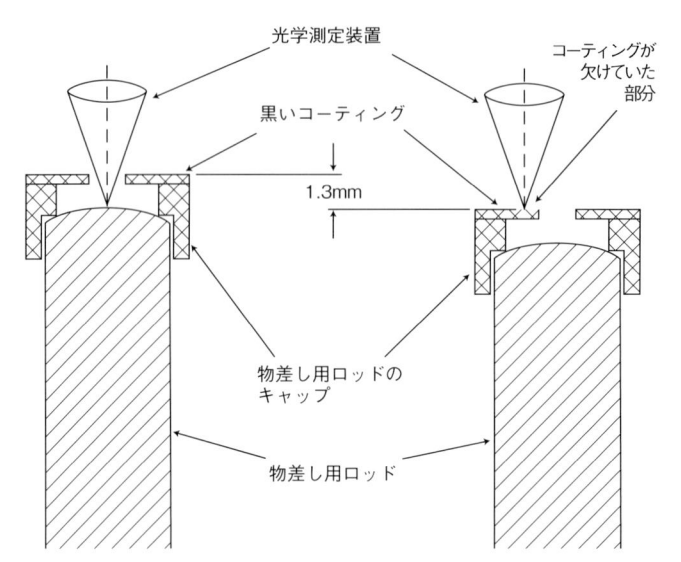

予定していた計測位置　　　　　　　　実際に計測された位置

図10.5　主鏡の形状を調べるための3枚のレンズの位置は，ロッドを使って決められた．この図は，そのロッド位置がどのように間違って設定されたかを示している．光学測定装置は，ロッドの磨かれた先端上の光を使って距離を決定する．計画では，キャップにあけた穴を通った光を見ることで，ロッドの先端の位置を決定するはずだった．残念なことに，キャップの端でわずかばかりのコーティングが欠けていたために，光学測定装置はキャップの上の光っている部分で位置決定をしてしまった．このキャップは，ロッドから1.3 mm離れていたのだ．このために試験装置のレンズの位置が間違ってしまった．幸いにも，問題の原因がわかったあと，ハッブルの主鏡の実際の形状を正確に計算できたし，スペースシャトルによる修理ミッションで取り付けられた装置で，修正できるようになった．この修正の結果，ハッブルの画像は当初から計画した通りのすばらしいものとなったのだった．（著者のスケッチ）

　テストに使う屈折レンズが正しい場所に置かれなかったために，主鏡の形状はテストでは完璧に見えていたのに，実際には間違った形状になってしまったのだ．逸脱は小さくて，0.0003 mmにすぎない．だがそれでものすごく小さい像を得ようとするとき，それは大きな問題となるのだった．こうしてひとたび主鏡の実際の形状が明らかになると，実はそれはハッブルで観測した星の像を

図 10.6　1993 年 12 月のスペースシャトルによる修理ミッション以前でも，ハッブル宇宙望遠鏡はユニークな科学成果をあげていた．この写真は，著者の撮影によるもので，広視野惑星カメラを使ってトラペジウムの南東の領域を写したものだ．まさにこの写真によって，最初のプロプリッドが発見され，その確かな存在が研究論文に発表されたのだ．プロプリッドについては第 11 章で詳しく説明する．（著者 and NASA/ESA）

計測して推定したものと同じだったのだが，次にどうするべきかがはっきりしてきた．必要なのはもう1つ修正用のレンズをつけて，ハッブルのカメラにシャープな像が結ばれるようにすることだ．1993年12月，スペースシャトルによる1回目のハッブル修理ミッションで，ハッブルから科学装置の1つが取り外され，カメラや分光器に入った光を修正する簡単な装置に置き換えられた．その結果は目を見張るものだった．修正された像は，そもそもの最初から期待していた通りの素晴らしさだった．最も頻繁に使われる広視野惑星カメラは，もともと1回目の修理ミッションで改良されたものに交換されることは予定されていたし，そのカメラ内部の新しい光学系は，予定外だったけれど今やよく知られるものとなった主鏡の形にあうように修正するだけだった．誰もがこんな問題が起こることを望んではいなかった．だが，最終的にハッブルは望んでいた通りに動き始めたのだった．このミッション以来，科学装置の内部にはすべてこの光学修正が永久的に取りつけられることになった．

　地球の影の中に出入りするときにハッブルが揺れる原因は，望遠鏡へ電力を供給する太陽電池アレイを支えるために，ハッブルから突き出しているアームがぐらつくせいだった．このアームはハッブルが地球の影を出入りするときに，大きな温度変化をこうむる．ところが熱変化に関する設計が適切でなかったために，アームは温度が変わるたびに予想以上に変形してしまっていたのだ．困ったことにこの変形はスムーズに行われず，急にガタン，というふうに動くのだった．このちょっとしたジャンプは天文台全体を1秒角ほど揺らした．予想している像の大きさが0.07秒角だったので，この揺れは受け入れがたいものだった．とりあえずの解決法は，地球の影を出たり入ったりする直後の数分間観測を中断し，望遠鏡の追尾制御用ソフトウェアを変えることだった．その後，太陽電池アレイは新しく設計し直され1回目の修理ミッションで取り替えられ，この問題は解決されたのだった．より強力な太陽電池アレイが，2002年の4回目の修理ミッションのときに取りつけられている．

　修理ミッションの前までは，ハッブルから送られてくる像の中心部だけは予想通りのシャープさだったが，その周辺部が光の暈(かさ)に囲まれていた．ハッブルはいろいろなプログラムを組めるようになっていたので，その中にはこの光の暈にそれほど影響を受けない短時間露出の観測がたくさんあった．まあその場

合でも露出時間は長めにしないといけなかったのだが，とにかく，ハッブルは最初の修理ミッションの前でさえ，たぐいのない貴重な科学成果を生み出していたのだ（図10.6）.

　マスメディアがハッブルを扱った道筋をたどってみると面白い．打ち上げの前までは，私たちまで巻きこんだ楽しい予想に満ちたメディアサーカスが繰り広げられ，その熱狂には少なからぬ誇張も含まれていた．光学的な問題が公表されるやいなやすべては砕けちり，ハッブルは大きなプロジェクトやNASAの失敗を批判するための身代わりとなった．ハッブルの科学的な成果が広まってくるにつれ，ニュースはしばしば「欠陥のあるハッブルが……を発見した」というふうに始まることが多くなり，やがては「その欠陥にもかかわらず……」というふうに少しよくなった．それからしばらくの間は，ハッブルに関する記事の後には必ず「欠陥のある光学系」という言葉がお決まりのごとく書きこまれ，それは最終的にすべての問題が解決されるまで続いた．この言葉の変化は，その欠陥のある鏡や振動にもかかわらず，ハッブルが優れた科学結果を生み出しているという事実を，メディアが受け入れていった過程を反映しているようで興味深い．

　いったいなぜ，主鏡の試験装置の間違いが発見されずにきてしまったのだろう？　あらゆる事故がそうであるように，多くの要素が関係している．決定的な問題は，様々な角度から検討するきちんとした体制ができていなかったことだ．ハッブル計画は予算が非常に限られていた．そのため，NASAは契約した会社が開発した光学系の計画をそのまま受け入れた．その計画では，ひとつひとつの段階が正しく行われていればすべてがうまくいくと仮定されていた．だがその段階の1つ，物差しに使うロッドの先端にかぶせたキャップの一部が欠けていたおかげで，測定装置が調整を間違えたことと，テスト用のレンズにワッシャーを補足しなければいけなかったという意味を理解し損ねたこととが合成されてしまったのだ．その後の試験でも，別の光学装置を使って主鏡を直接見たり試験装置を通して見たりしたときに，主鏡の何かがおかしいという結果が出ていたのだ．この結果は，その試験装置はもともとの試験装置のように精密には作られていないのだからということで無視されてきてしまった．ハッブル計画は，常に非常に限られた時間と予算の中で進められてきた．いつだっ

て時間もお金もかからない方の答えが受け入れられてしまっていたのだ．
　問題が発見されずにすり抜けてしまった理由として，別の角度からの見方もある．NASA 以外の宇宙計画における大きな目的は，地上を撮影する望遠鏡をのせたスパイ衛星の建造だった．もしハッブルがこの同じやり方で作られてテストされた最初の大型精密望遠鏡だったら，もっと注意が向けられていただろう．だがハッブルの鏡を作った会社は，以前に超精密な 1.5 m 鏡を作ったことでその能力を証明していたのだ．彼らはそこで使われた鏡の試験方法に絶対的な自信をもっていたので，ワッシャーを補足する必要性などという変則的な出来事を調査しようとはしなかったのだ．
　ハッブルは，単に地上を見下ろす代わりに見上げる偵察用望遠鏡ではない．鏡を作る技術は同じかもしれない．だが他の要素は全然違っているのだ．特に，スパイ衛星は眼下で地球の動きにあわせて素早く動く能力が必要とされるが，ハッブルは長時間，非常に正確に宇宙の一点を指し続けていなくてはならない．そこで導入制御システムが非常に違ってくることになる．ハッブルの導入システムの心臓部は3種類の装置からなっていて，望遠鏡の視野の端に取りつけられている．そこで精密追尾センサーが星を見て動きを追い，この星の動きにあわせるように信号をハッブルに送るようになっている．この精密追尾システムはハッブル独自のもので，開発は困難をきわめた．ハッブルの主鏡が製造されているまさにそのとき，このセンサーの設計が必要とされている追尾精度に十分でないことがわかった．高い追尾精度がなかったら，いい画像を撮ることはできない．そのためこの問題を解くことが光学エンジニアと科学者の最優先事項となってしまったのだ．最終的には，この新しい精密追尾システムの設計は非常にうまくいった．だがその危機の間に，簡単だと思われていたハッブル望遠鏡そのものの開発で表れた赤信号から，みんなの注意がそらされてしまったのだった．
　もうひとつの要素として，ハッブル計画に動員できる人員に関して，アメリカ国防省との間にかわされた制限が挙げられるだろう．機密情報や施設にアクセスできる人数を制限するために，人員数は通常よりずっと少なく設定されていたのだ．そのため NASA 内部のすべての管理部門で，エンジニアと品質管理スタッフは普通よりずっと技術的な面での監督管理をしなくてはならなかっ

た．その結果として，製造者側にまで目を配ることは不可能だった．現場で品質管理をする専任のNASAの職員がひとりだけ，望遠鏡全体を監督するよう任命されてはいた．だが，その職員が機密事項にかかわる許可が下りるのが遅かったために，彼はこれほど大きく精密な宇宙望遠鏡の鏡を建造することの難しさや可能性をしっかりと理解することができないままだったのだ．

　産みの苦しみがそうであるように，こういった困難はハッブルの大成功とともに薄れていった．打ち上げ当初の科学装置は，徐々に高性能の装置に取り替えられていったが，それは，史上初めての「宇宙飛行士が維持修理をする軌道上天文台」を設計したときからの計画通りだった．スペースシャトルによる最後の修理ミッションは2009年に行われた．この時点で最初に搭載されていた科学機器のすべては，新型で高性能の機器に取り替えられた．ハッブル宇宙望遠鏡はすでに20年以上稼働している．少なくともあと5年は活躍してくれると信じて間違いないだろう．

　ハッブル計画の歴史に関してはいろいろな本が出版されている．表面的にすぎないものが多いし，中の一冊は全く不正確な内容だ．ただ一冊だけその奥行きと幅において傑出した本がある．興味のある方には，ロバート・W・スミスの"The Space Telescope"[19]を一読することをお勧めする．

---

[19] 1989年，ケンブリッジ大学出版より出版される．Robert W. Smithは，イギリスの歴史学者．

第11章

オリオンの真の姿

　第8章に書いたように，世界最大の望遠鏡だったリック天文台の91 cm屈折鏡が1888年に建造されて以来，高性能の新しい望遠鏡ができるとオリオン星雲はいつも最初の観測ターゲットの1つとなってきた．1世紀が過ぎて，1990年にハッブル宇宙望遠鏡が稼働し出したときもそれは変わらなかった．そこで発見されたことは実に驚くべき事実で，星や惑星の形成に関するそれまでの認識をすべて書き変えるものだったのだ．

　1888年と1990年では，いろいろなことがずいぶん変わっていた．昔は，天文台長と天文台の主だったスタッフが最初に観測する天体を選ぶことができたし，望遠鏡操作にともなって起こる問題は山の上の天文台内で解決され，外部から監視されることはなかった．ハッブルが打ち上げられたときは，何もかもが違っていた．テレビや新聞や雑誌を通して，ハッブルへの注目度はそれまでのいかなる科学プロジェクトよりも大きかった．それを先導しけしかけたのは天文学者たちで，ハッブルがもたらしてくれる新発見への期待を大げさに誇張してふくらませた．実は私自身もそういった天文学者のひとりだったし，いやひょっとすると他の誰よりも夢中になっていたかもしれない．なにしろ当時，私はハッブルに直接責任を負う立場にはいなかったし，報道機関になにを話そうと自由だったのだ．

　世間の注目が大きかったので，ハッブルが写した誰もがあっと驚くすばらし

い写真がすぐに要求されることはわかっていた．このために初期公開観測プログラムが設定された．楽しみに待っている世界中の人たちや報道機関にすぐに発表する写真を，どれにするか決めるのは難しいことだった．ハッブル建設時から携わっていた科学者たちが，自分の観測計画をどれほど大切に思っているかということが浮き彫りにされたのだ．ここで，ハッブルの科学プログラムがどのように計画されたかについて，まずお話ししておこう．

　ハッブルの開発に尽力した科学者たちが，優先的に初期の利用者となることは計画の最初の頃から決まっていた．それはこの天文台を計画し建設したことへの，いわばご褒美として一般的に認められていた．やがては，開発には関わらなかったけれど，ハッブルを使った優れた研究計画をもっている科学者に門戸が開かれることになっていた．開発に関わった科学者は「観測時間を保証された科学者」と呼ばれ，開発後に観測を希望する科学者は「一般の科学者」と呼ばれた．その移行をスムーズにするために，観測時間を保証された科学者は，打ち上げの何年も前に自分の観測計画を公表しなくてはならなかった．そうすれば一般の科学者になろうとしている人たちが，独自の観測計画を立てることができる．

　観測時間を保証された科学者の観測対象には，宇宙で最も壮観な天体がたくさん含まれていた．そのような天体写真はハッブルの能力を誇示するのにぴったりだし，そのために初期公開観測プログラムの候補にもなった．初期公開観測プログラムに選ばれると，その写真はその天体を選んだもともとの天文学者がじっくりとデータを調べる間もなくすぐに公開されてしまう．ひとたび公開されてしまえば，だれもがそのデータを分析し，観測時間を保証された科学者の深い洞察なしで論文にできてしまう．観測時間を保証された科学者の観測天体が初期公開観測プログラムに入った場合，それは割り当てられた保証時間として数えられないことになってはいたが，ほとんどの科学者は自分の観測対象が初期公開観測プログラムに入ることを望んでいなかった．そこには矛盾が潜在していたのだ．できるだけ早く公開できるすばらしい写真を撮る必要があったし，その一方では，ハッブルと観測装置を作るために10年以上もの時を費やしてきた人たちの権利も尊重しなくてはならなかった．観測時間を保証された科学者は，観測をし，それからその観測結果を公開する前にデータを完全に

分析する時間が必要だった．このもともと内在していた矛盾に，初期公開観測プログラムに責任を負っていた宇宙望遠鏡科学研究所と，観測時間を保証された科学者たちとの間のコミュニケーション不足が追い討ちをかけていた．ハッブルが打ち上げられたとき，すでに一触即発の状況にあったといえる．

　当然のことながら，ハッブルの主鏡の光学的な問題が発見されるやいなや初期公開観測のすべての計画は放棄された．状況は，最も控えめに言っても混乱状態だった．それまで好意的だったメディアが，今やNASAとハッブル計画に関するあらゆることに敵対していた．移り気な科学者たちはあっさりと責任を放棄して，ハッブル計画から手を引いて立ち去った．だが私たちはすぐさま，傷だらけの天文台から可能な限りの科学結果を出し，修理をするために動き出した．まずはこの光学的問題の特徴を認識しておくことが重要だった．星像の中心部はほぼ予定通りの状態だったのだが，それは全体の光量のごく一部にすぎず，残りの光は中心部のまわりに予想外の光の暈（かさ）となって広がっていたのだ．この像をコンピュータで処理する手段が素早く開発された．まずすでによくわかっている星の像をテスト用に選び出し，ハッブルが作るぼんやりとした像の正確な形状と比較する．その後このぼんやりとした像を補正し，ハッブルの光学的な問題の影響を，完全とはいえないまでもほとんど受けない像を最終的に作ることが可能になった．もともとの初期公開観測プログラムはめちゃめちゃになり，かわりに科学装置チームによるプログラムが生まれ，最初の像が公開された．この新しいプログラムは，それぞれの独自の観測を何年にもわたって計画してきた科学者のことなどは全く考えていなかった．だがそのいらだちも次第におさまり，正統な研究をしようとしている科学者たちが観測に引きこまれていった．

　同じときに，いろいろなカメラの較正をするための観測が計画された．場合によっては，オリオンのような科学的に重要な研究対象が，較正などの技術的な目的で観測されることがある．そういった技術的な観測は，観測時間を保証された科学者の観測計画と重ならないよう調整するための手順を踏む必要がなかった．ハッブルのメインカメラを使って行われた技術的な観測が，私自身の観測プログラムとほとんど同じで，しかもその観測をもとにして研究論文の草案がすでに完成していることを知ったときの私のショックを想像していただき

図 11.1 オリオン星雲の中心部を写したハッブルの初期の写真から,地上望遠鏡ではただの星と見なされていたほとんどのものが,原始太陽雲に囲まれた若い星(プロプリッド)だということがわかった.プロプリッドには,明るい縁に囲まれたものや,暗いもの,明るい部分と暗い部分の両方をもっているものなどがある.(著者 and NASA/ESA)

たい.このカメラの観測提案者だったジム・ウェストファルは,私の研究内容を知ったときに観測チームに引き入れようとしたが,すでにその論文に私が手を入れるには遅すぎた.論文は,しっかりとした科学的な裏付けなしに手っ取り早く出版されてしまったのだ.その論文に書いてあることのいくつかは,観測結果にも,その後に続いた観測にも合っていなかった.この技術的観測の本来の目的だったフィルターの較正は終了しなかったし,発表もされなかった.さて,この「技術的」観測が公表されたので,私はオリオン星雲内の別の場所の観測を正式にできることになった.それは較正にも使えるし,私自身の目的であるオリオン星雲の微細構造を解明するのにも使えるものだった.

こうして,オリオン星雲の2度目の観測は,1991年の8月にもともと搭載されていたカメラを使って撮影され,1993年の12月に新しいカメラが取りつけられた数日後に,次の観測が行われた.新しいカメラには主鏡の問題を修正

する光学装置がついていたので，予想を上回るすばらしい像を得ることができた．初期公開観測が2度目の技術的観測の結果を確かなものにし，さらに深く掘り下げ，私の観測計画の一部として完成したオリオン星雲の明るい領域の全体図の中に組みこまれた．

ハッブル宇宙望遠鏡が発見したこと

　ハッブルの観測によって，オリオン星雲の奥深くまで詳しいことがわかり，その上，根本的に全く新しい発見をすることになるデータが手に入った．とりわけ一番興奮したのは，プロプリッドと呼ばれるようになった天体の発見だった．プロプリッドというのはまわりにガスや塵の原始太陽雲をもつ若い星で，輝線星雲の内部やその近くにいて初めて見えるようになったものだ．第9章でお話ししたように，この原始太陽雲こそが新しい星の形成に必要だということはわかっていた．さらに，オリオン星雲が非常に若い星雲だということもわかっていた．思いがけなかったのは，この原始太陽雲が，オリオン星雲が背景にあるおかげで簡単に見えるようになることだった．最初から気づいているべきだった．プロプリッドを発見するためだけに特別な観測計画をたてるべきだったのだ．実際には，星雲の微細構造を調べるために観測が行われ，その観測からプロプリッドが偶然に発見されることとなった．

　図11.1に，発見されたものを示す．地上からの観測では，このひとつひとつはただの星だと考えられていた．これを見ると明らかに星ではない．この写真は，輝線を原子ガス（水素，酸素，窒素）から分離するフィルターを使って写しているので，原始太陽雲に囲まれていれば星自体はよく見えない．図11.1の写真の中の4個の明るい天体のうち，1つだけが普通の星だ．

　一番わかりやすい天体は図の左上にある天体で，シルエット・プロプリッドと呼んでいる．ガスと塵からなる原始太陽系円盤に取り囲まれている，主系列星になる前の若い星だ．第8章で述べたように，オリオン星雲は，薄い，不規則にへこんだ表面をもっていて，オリオン星雲内の星々の向こう側で光り輝いている．シルエット・プロプリッドの場合，この明るい背景に浮かび上がる原始太陽系円盤を見ていることになる．円盤を際立たせているのは塵だ．中心部には，地球の太陽の3分の1の質量をもつ若い星がいる．円盤自体は円形で，

傾斜しているために楕円形に見えているにすぎない．シルエット・プロプリッドはいろいろな形状をしているように見えるが，どれもが円形のものをいろいろな角度から見ているだけだ．

図 11.1 の中心部近くにある明るい天体もプロプリッドだ．この場合円盤はほとんど正確に私たちの視線方向に平行に向いているので，暗い線にしか見えない．真横から見ているこの円盤の内部には物質がたくさんあるので，中心部の星からの光は見えない．特に印象的なのは，光り輝くガスに囲まれていることだ．オリオン星雲を明るくしているのと同じ蛍光発光が，この原始太陽雲の外側の部分を光らせているのだ．明るい側（丸くなっている側）はシータ 1C の方を向いている．シータ 1C が紫外光子を出して蛍光発光を引き起こしているのだ．丸くなっている側から右下の部分は影になっていてシータ 1C の直接の光を受けていないので，星雲で散乱されたシータ 1C からの淡い放射だけで照らされている．

図の右下の天体は明るいプロプリッドで，星は暗すぎてここでは見えていない．内側の円盤内部で，塵に吸収されて光が薄れていることがわかる．

明るいプロプリッドとシルエット・プロプリッドの基本的な違いは，場所にある．どちらも同じものなのだが，照らされる状況が違うのだ．シルエット・プロプリッドはオリオン星雲の前面を横切るぼんやりとした物質のヴェールの中か，ヴェールのこちら側にある若い星だ．ヴェールの中の物質の量が多いので，シータ 1C からの高エネルギー紫外光子をすべて遮ってしまうのだ．現在のところ 16 個の純粋なシルエット・プロプリッドが発見されているが，これはシータ 1C からこちら側に 3 光年伸びているヴェールの中にあるだろうと予想されていた数字と一致している．明るいプロプリッドは図 8.4 に示すように，ヴェールと星雲の間にある巨大空間内に大量にある．シータ 1C に面している側は蛍光発光していて，内側の暗い円盤が見えるかどうかは円盤が向いている方向によって決まってくる．ほとんどのプロプリッドは，これまで単なる星として，いかなる注意書きもなしで記録されてきた．ただ，ウィスコンシン大学のエド・チャーチウェルが VLA 電波望遠鏡を使った研究で，いくつかの特異性に関して触れている．その段階で，彼は明るいプロプリッドの本質を予想していたのだ．

ハッブルが写したすべてのオリオン星雲の写真に，たくさんの衝撃波が写っ

図11.2　トラペジウムを写したハッブルの高解像度拡大写真．プロプリッドの多くから尾がでている．尾はトラペジウムの中で一番明るく高温の星シータ1Cから反対側に出ているのがわかる．シータ1Cからの光の圧力が最も強く，プロプリッドの物質を押しだし，プロプリッドの向こう側に陰を作っているのだ．（John Bally and NASA/ESA）

第 11 章　オリオンの真の姿

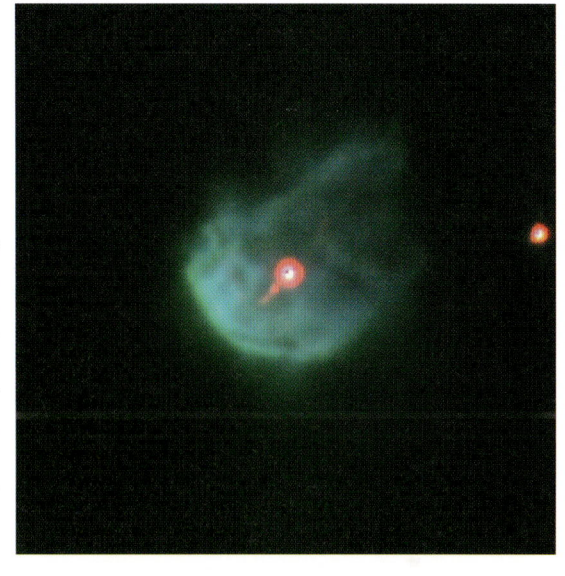

図 11.3　この一番大きいプロプリッドは，高温の星からの紫外光を受けて蛍光している．他の多くのプロプリッドと同じように，このプロプリッドもバイポラージェットが見えている．この場合，こちら側に向かっているジェットのほうが，反対方向に出ているジェットよりはるかに明るい．（著者 and NASA/ESA）

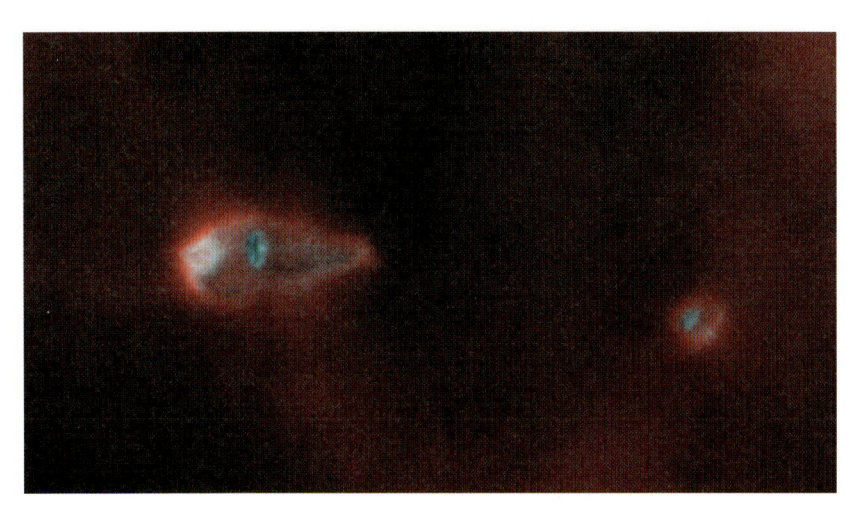

図 11.4　図 11.1 で一番大きいプロプリッドを，特別のフィルターを通して拡大したもの．青い光は中性の酸素原子．中心の円盤を取り囲んでいる青い輝きは，OH 分子によって引き起こされている．この分子は，シータ 1C からの光で酸素と水素の原子に分解されている．（John Bally，著者，and NASA/ESA）

ている．衝撃波というのは，物質がその媒体の中を通る音のスピードよりも速く動くときに起こる．たとえば，音波は空気が圧縮されたものだ．この圧縮は楽器や声帯から持続的に出る音の場合は周期的であり，稲光で起きる雷のような場合は短いパルスだ．飛行機は飛行中に前方の空気を圧縮させるが，音速より遅いスピードで飛んでいる限りは，この圧縮された空気は飛行機の前を進んでいくことができる．だが飛行機の速度が音速を超えると，飛行機は自分が作った圧縮された波を追い越してしまう．そのため飛行機の前方で空気の密度が増していく．この圧縮されたガスの波が衝撃波と呼ばれるものだ．このような名前がついたのは，まわりの気体と比べるとその状態が相当に違っているからで，密度が常にまわりより高く，運動エネルギーのいくらかが圧縮された気体に伝えられるため，温度が高くなっていることが多い．衝撃波ができるのは，物体が超音速で動いているとき，超音速のガスジェットが静止している気体の中を動くとき，それと，2つの気体の流れが相対的に超音速でぶつかるときだ．

　図11.2はトラペジウム周辺を拡大したものだ．露出オーバーになっている4個の明るいトラペジウムの星の他に，たくさんのプロプリッドが写っている．それぞれがシータ1Cから反対側に物質が流れてできる尾を従えている．この中のいくつかは，その前面，シータ1Cの方向に明るい曲線があるのがわかる．これが衝撃波で，シータ1Cから飛び出した高速の風が明るいプロプリッドから出る低速の原子の風とぶつかって生じたものだ．この衝撃波はオリオン星雲よりもずっと高温になっている（図の明るい4個の星からそれぞれのすぐ左上に見える緑色の扇形をしたものは，カメラ内部の反射）．

　第9章で学んだように，星間雲から星が生まれようとしているとき，物質が原始太陽系円盤の内側に引きこまれていく段階がある．そのとき磁場が星間雲に浸透し，そのまま中心に向かって落ちこんでいく原始星内部に残される．磁場と流れこんでいく物質の組み合わせから，円盤の回転軸にそってバイポラージェット[20]が生まれる．これと同じことがオリオン星雲の中でも起こっているのだ．図11.3では，明るいプロプリッドの中でも一番大きいものの中心で，

---

[20] 両極方向に出ているジェット

星のまわりの円盤内部からでてくる青方偏移した明るいジェットが見えている．この写真では，反対方向に逆向きのジェットがあることがかすかに示されている．この逆方向のジェットは，ケック天文台の10 m鏡で写したスペクトル写真で確認された．そこには，毎秒60 kmのスピードで赤方偏移している物質が見えていたのだ．図11.4は，図11.1の中心付近のプロプリッドを別な方法で見たものだ．ここでは青いフィルターで非常に低エネルギーの酸素の放出がわかるようにしている．内側の円盤がこの色で輝いているのは，OH分子から酸素が遊離されたところだからだ．ハッブルで写した他の赤外写真から，内側の円盤は分子と塵からできていて，基本的にはすべての原子は，分子雲内部と同じような高密度と低温のために，分子になっているということが確認された．内側の円盤から垂直に暗いバイポラージェットが出ているのがわかる．左側のジェットが明るいプロプリッドの丸い側を通過している部分では，そこの物質に穴をあけている．まるでスペースシャトルが地球大気低空の薄い雲の層を通過するときのようだ．

　オリオン星雲内にある300個の星の写真のうち25個にジェットがあった．その近くにある星のどれにもジェットを確認できていないのは，観測条件の選び方によるもので，背後にあるオリオン星雲の明るさの中に，暗いジェットは埋まってしまっているのだ．さらに，星が生まれてくる別の領域で，ジェットが見やすいところを調べてわかったことがある．ジェットはごく短い時間しか存在しないのだ．そこで，ジェットは円盤の内側に外側から物質が流れこむときにだけ存在すると考えられている．

　ジェットはマッハ10のスピードで噴出している．これはその周辺のガスの中を通過する音速の10倍の速さになる．ということはジェットが星雲の前部から流れ出ている低密度の，ほとんど静止したガスとぶつかった場合，衝撃波ができることになる．これは超音速で飛ぶ飛行機の前面にできる衝撃波と類似している．図11.5を見ると，ジェットによってできるたくさんの衝撃波が写っているのがわかる．ほとんどのジェットは背景の星雲のせいで見えないくらい薄くなっているが，衝撃波の熱いガスははっきりと見えている．いくつかの衝撃波が直線に並んでいることから，ジェットの流れは連続的ではなく，間欠的に起こっていることがわかる．

図 11.5 このハッブルの写真から，オリオン星雲内部の複雑な様子がよくわかる．いくつかのプロプリッドがわかるが，中央にあるのが一番明るい．このプロプリッドのまわりの三日月型の部分は，シータ 1C の光によって蛍光発光したものだ．写真の左下の方に向かっているいくつかの青いループは，超音速ジェットを形成する物質が，オリオン星雲前面にある低密度ガスとぶつかってできた衝撃波だ．（著者 and NASA/ESA）

第12章

オリオン星雲の中で何が起こっているか？

　オリオン星雲の周辺は星のゆりかごだ．しかもちょうど地球から鳥瞰図のように見下ろす場所にある．おかげで，星雲の個々の星と全体としての姿を観測し研究できる．この3500個の星の集団は，オリオン分子雲1と名づけられた塵とガスの巨大分子雲の前面に位置している．ここの星が生まれてくる物質は，すでに使い尽くされてしまったか残り物が消散しつつある段階だ．それがわかるのは，星々がどちらかといえば広々とした場所にあって個々の星を観察できるためで，そこにはぼんやりとした薄いヴェールと星の多くを取り囲む原始太陽雲があるだけだ．他にももっと太陽系に近いところに星が生まれてくる領域がいくつかあるが，生まれてくる物質に深く埋もれていて，かつどれもオリオンのような明るく大きい星はない．

　もしも私たちがオリオン星雲の真ん中にいたら，まわりはどんな風に見えるだろう．夜空ではシータ1Cが，満月の10倍の明るさで煌煌と輝いているだろう．トラペジウムの他の星でも，満月より明るいのだ．最大光輝の金星と同じくらい明るい星が数百個あって，星雲の他の星たちもはっきりと見えている．シータ1Cと他のトラペジウムの星は青白い光を放ち，それ以外の星たちはスペクトルのあらゆる色の光を発し，一番暗い星はルビーレッドだ．空の一方向ではオリオン星雲そのものが，まさに図12.1のように見えている．光り輝くガスの壁だ．若い星のまわりには惑星になろうとしている物質の円盤が見

えるだろう．その中でも近くにあるものは月よりも大きく見えている．星雲が輝くところにあるプロプリッドは，星雲に月の大きさの影を作っている．多くの星からは，空を横切るようにガスのジェットが出ているのが見える．そこはまさに夢のように美しい世界だろう．コンピュータが描いた星雲を中心部のすぐ外側から見た姿（図8.4）でさえ，そのすばらしさのほんの一部を示しているにすぎない．

一体どれくらい前からこうなっているのか

　第9章で，若い星からなる星団の年齢を調べることが可能なことを話した．巨大な原始星雲は，同じ星団内の軽い星よりずっと早く主系列星に収縮していくからだ．太陽くらいの質量の星は，主系列に達するのに数千万年を要する．つまり若い星団の場合，星が収縮していく段階を見ることができるわけだ．オリオン星雲内の星団がまさにその段階で，太陽の2.5倍の質量の星だけが主系列に達している．残りの星は広い領域に広がっていて，冷たい星になればなるほど主系列のずっと上の方にいる．

　HR図上でここの星の分布を詳しく調べた結果，約400万年前に星がゆっくりと生まれ始めたことがわかった．それ以来星の誕生率は増加してきて，約30万年前に最高に達した．天の川銀河が100億歳であることを考えると，ここの星の誕生はほんの昨日のことにすぎない．トラペジウムに近づくにつれて単位ごとの星の数は劇的に増加している．そこでは太陽近辺に比べると星の数が2万倍も密集しているのだ．太陽周辺では星と星とは平均して3光年離れているのに対して，オリオン星雲の中心部では隣の星との距離は0.12光年でしかない．星の平均年齢は星団の中心部に近づくにつれて若くなっている．ということは，星が生まれてくるガスはときとともに圧縮されてきたことを示している．それゆえ，最も重い星が星団の中心部に見つかるのだ．巨大な原始星は素早く収縮するのだから，それはつまり星が生まれる状況がごく最近できたか，もしくは星を生み出すのに十分な物質が集まるのに長い時間がかかったかのどちらかということになる．トラペジウムの巨大な星々の年齢はわからない．この星たちは主系列に達するだけの年はとっているが，水素燃料を燃やし尽くして主系列から離れていく年齢には達していないからだ．次章で触れるこ

とになるが，シータ1Cはごく若いという説もある．

褐色矮星と流浪惑星

　第9章で話したように，星の多くは太陽よりも質量が低く，太陽より重い星の数は少ない．最も質量の低い星の分布を決定するには，そういった星があまりに暗いために非常に難しい．オリオンはすべての星が分子雲を背景にして見えるので，この問題を解くのに理想的な場所だ．地球とオリオン星雲との間には，他の星域に属する星はほとんどなく，オリオンの方向に見えるほぼすべての星がオリオン領域に属しているのだ．ここでわかったのは，それぞれの質量をもつ星の数が太陽近辺の星の数と似通っているということだった．つまり，太陽の近くの年取った星たちも，オリオンで起こっているのと同じ規則に従って生まれたのではないかということになる．

　オリオン星雲は，非常に質量の低い星の研究に有用だ．褐色矮星は太陽の8パーセント以下の質量しかなく，内部で水素が燃えて一人前の星になるほど熱くなることは決してない．わずかばかりの重水素が燃える短い期間を除くと，褐色矮星のエネルギーは重力収縮によって得られるだけだ．そのため褐色矮星を発見するのは簡単ではない．現在知られている褐色矮星のほとんどはオリオン星雲の中で発見されているが，それは褐色矮星がそこにたくさんあるからではなく，明るいオリオン星雲を背景に，一番発見しやすくなっているためだ．

　太陽質量の1.3パーセント以下の天体だと，重水素さえも燃えることはなく，惑星と呼ばれる．オリオン星雲内で最も低温の天体を詳しく調べると，約10個の惑星サイズの，だが星とはつながっていない天体が発見されている．

　この星とつながっていない流浪惑星の発見は，語義に関してなかなか面白い問題を提起することとなった．つまり，惑星という名前はふさわしいのかということだ．惑星というのは，自らは核反応を起こしていない天体で，恒星のまわりを回る原始惑星系円盤から生まれた，ということを想定している．こういったわけで第9章でふれたように，プラネターといった新しい名前まで生まれてきた．

　名前はともかく，どのようにしてできたのだろうか．おそらく十分な物質を引きつけることのできなかった個々の雲から生まれたのだろう．もちろんかつ

図 12.1　オリオン星雲と周辺の若い星々の，それまでは想像もできなかったような写真が，ハッブル宇宙望遠鏡のおかげで可能になった．このモザイクは 500 枚の可視光写真を注意深くつなぎ合わせたものだ．色は個々の原子からの光を分離したもので，オリオン星雲の近くまで行ったら人間の目に見える色彩に調整されている．ここで使ったフィルターは星の光をあまり通さないものなので，星雲自体と比べると，星は人間の目に見えるよりずっと暗くなっている．（著者 and NASA/ESA）

図12.2 このオリオン大星雲の写真は，ハッブルの第2世代カメラで，図12.1で使ったのとは違う原子を狙ったフィルターを使って写した．これまで単にオリオン星雲と呼ばれていたのは中央部の明るい部分だけだ．だが今や，そのオリオン星雲は，はるかに巨大な楕円形の構造物のごく一部に過ぎなかったことがわかり，その詳細に関しては，やっと研究が始まったばかりだ．（M. Robberto（Space Telescope Science Institute）and the HST Orion Treasury Project team, NASA/ESA）

ては恒星のまわりを回っていた惑星だったのが，これだけ混雑した星団の中のことだから，他の星との衝突によって引き離されたことも考えられた．だが実際には，プラネターは独立した天体として生まれたのだ．というのは，プラネターのまわりにはオリオンの中の普通の星を回る原始惑星系と同じような塵とガスの円盤が回っているのだ．もしプラネターが他の星との衝突の結果さまよいだしたのだったならば，この原始惑星系円盤も引きはがされていたはずだ．

オリオン領域，そこは隣人の多い大都会

　ここまでのところ，オリオン星雲内の星団とその中の星，プロプリッド，衝撃波，その他のいろいろな天体について話してきた．ここが若い星が生まれる最も重要な領域であることは間違いない．だがここだけではない．オリオン分子雲を背景にした暗い境界内に，あと2つの若い星の群がある．この2つはオリオン星雲の明るい表面のすぐ向こう側の塵とガスの壁のさらに向こう側にいるので，可視光では観測できない．だが波長の十分長い赤外線を使えばそこに何があるか見ることができる．赤外光の波長は塵の粒子の大きさと比べるとずっと大きいので，吸収されたり拡散されたりすることなく粒子を通過できるためだ．

　赤外線で見たオリオンの姿が図12.3だ．ここで赤い色は水素分子（H_2：地球大気の主成分である窒素や酸素と同じように，2つの水素原子が結びついたもの）からの放射を示している．水素分子は放射で簡単に壊れやすいので，暗黒分子雲の奥深くに隠れているのだ．緑色は遠赤外線の像，青は近赤外線の像を示している．トラペジウムの星々は明るすぎるので，中心部に露出オーバーで写っている．中心部の4個の星トラペジウムの上から右にかけてが，水素分子の放射が集中している部分だ．この領域は中心部に2つの強い赤外源があったために，赤外線で宇宙空間を探査したパイオニアたちであるエリック・ベックリン，ゲリー・ノイゲバウアー，ダグラス・クレインマン，フランク・ロウの頭文字をとってBN-KL領域と呼ばれている．詳しく調べると，BN-KL領域の北側に赤い色をした手の指のような形がいくつかわかる．その「指」の先には明るい緑色の先端が見える．ライス大学で研究していた土井隆雄が，ハッブル望遠鏡で6年間撮影され続けた写真の変化を見て，この指先はBN-KL領

域から最高毎秒 300 km の速度で広がっていることを明らかにした．時間を逆にさかのぼれば，この拡張している指先はすべて 1000 年前に BN-KL 領域から放出されたと推測される．そのとき何が起こったのかは正確にはわからない．BN-KL 領域の中心にある高温の星からのガス風かもしれないし，若い星達が生まれたときに同時に発射された「銃弾」と同じ発信源かもしれない．

　BN-KL 領域中心部の様子は，図 12.4 を見ると非常によくわかる．これも水素分子を写したものだが，ここでは背景の星は取り除かれている．これは日本の 8.2 m のすばる望遠鏡がとらえたごく最初の像の 1 つなので，ちょっとした欠陥があるのはしかたないことだがそれにしても，すべてが BN-KL 領域のある一点を中心としているということが，はっきりとわかる．この中心の一点には，IRc-2 と呼ばれる強い電波と赤外線を出す星がある．この星はおそらくトラペジウムの暗い方の星と同じくらい明るく，高温の星だろう．この星からの放射は，まわりの分子雲の中の塵に吸収されている．この巨大な星のまわりには，質量の低い星の星団がある．ここの全体の星の数は，オリオン星雲内の星団よりずっと少ない．明らかに何か普通でないことが BN-KL 領域で起こったのだ．指の中心部にある最も質量の大きい星を調べた最新の電波観測から，この星たちは互いに遠ざかっていることがわかった．それもわずか 500 年前に遠ざかり始めたのだ．星の爆発を引き起こしたのと同じ出来事が，この指を生み出したと考えられる．分子雲ガスによって速度を落としたために，指の年代を計算すると 500 年より長くなっているのだ．

　星が生まれている 3 番目の領域は，オリオン S と呼ばれている．図 12.5 にその場所を示す．BN-KL 領域と違って，オリオン S の星雲とそこの新しい星はオリオン星雲のすこし前面にある．赤外線で観測すると，ここにはシータ 1C の 1 パーセントの明るさの星が少なくとも 1 つあることがわかる．電波観測では，2 つのバイポーラージェットが見える．これはおそらく BN-KL 領域と同じように，若い高温の星が周辺の分子ガスにむけて押し出した恒星風の結果で，ここにもたぶん小さい星団があるだろう．その星たちは，目に見えているオリオン S 星雲のすぐ向こうにいると考えられる．というのはいくつかの地点からの衝撃波やジェットが観測できるのだ．図 12.5 や 12.7 を見ると，オリオン S から特徴のある形をしたものがたくさん離れていっていることがわか

図12.3 ハワイのマウナケア山に日本が建造したすばる望遠鏡が動き始めたとき，最初に狙ったターゲットの1つは，やはりオリオン星雲だった．この赤外線写真は，高温の巨星からの光の方が明るいにもかかわらず，低温の星からの光を，可視光のカラー画像よりもはっきりと写している．オリオン星雲領域には質量の低い低温の星が何千個もあることがわかる．(Copyright ©Subaru Telescope, NAOJ. All rights reserved.)

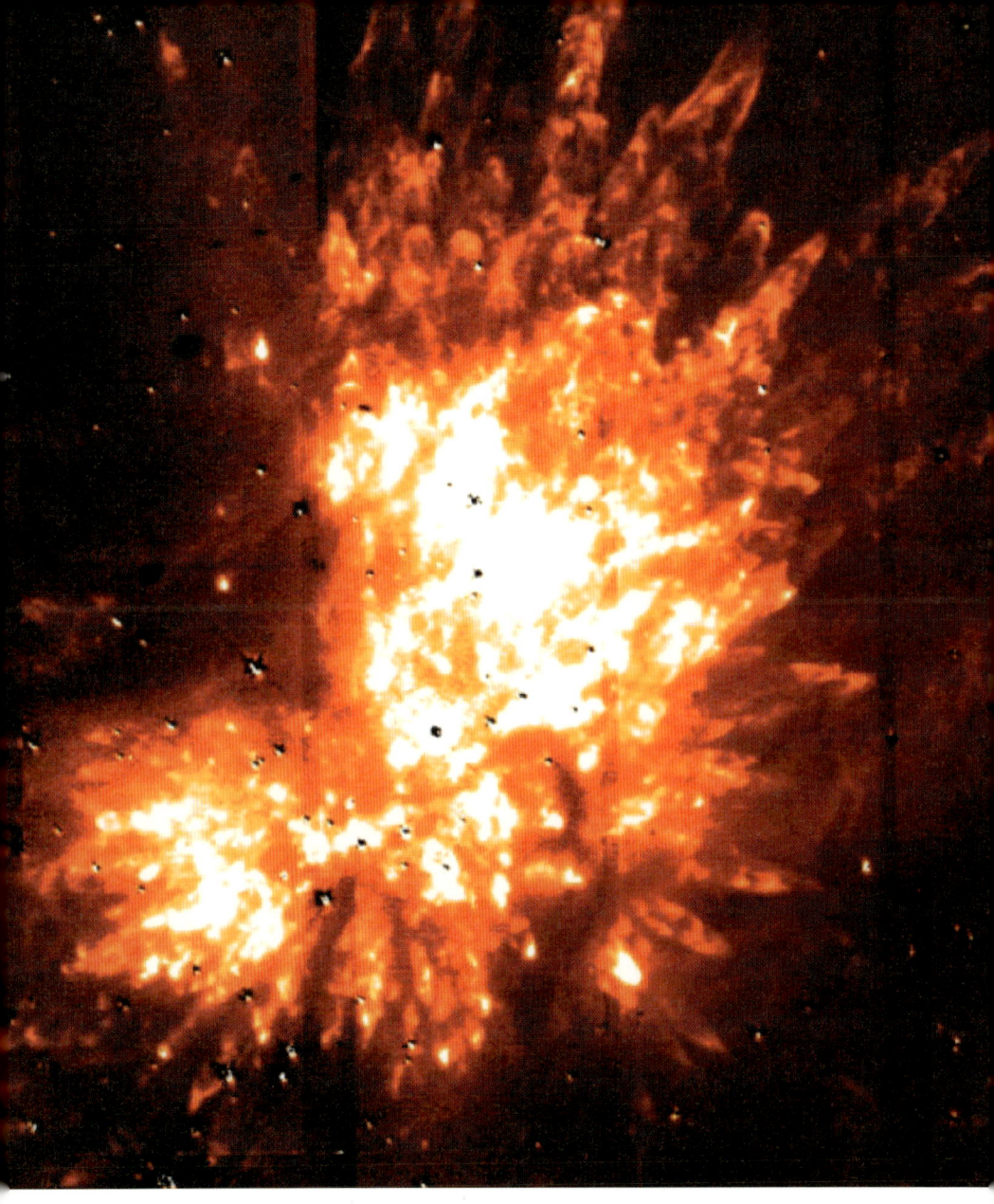

図12.4　すばる望遠鏡で，BN-KL領域中心部を写した初期の写真で，明るい部分は水素分子からの光で，黒い点は，完全には消されていない星の像だ．縦に長い線は，数枚の写真をつなぎ合わせたためにできている．外側に向かって伸びている指状のものやフィラメントはすべて，同じ点から放出されていることがよくわかる．
(Copyright ©Subaru Telescope, NAOJ. All rights reserved.)

る．その推進源は，これらの直線を逆方向にたどっていったときに交わる場所にあると推定できる．さらにこの図から，オリオン星雲内の星々の前面に衝撃波があることもわかる．この衝撃は若い質量の低い星から吹き出した物質の波が，星雲の低密度ガスとぶつかったときに形成されたものだ．

　オリオン星雲と呼ばれているものは星が生まれてくるという夢のような領域の中でも，単に最もよく目に見える場所にすぎないことがわかったと思う．この星の集団には，非常に高温の星が含まれている．高温の星はそのエネルギーのほとんどを紫外線で放出しているので，その近くにあるガスは目に見えない紫外線を可視光に効果的に変えている．これが私たちが目に見ている星雲なのだ．星団内には可能な限りのあらゆる質量の星が存在していて，中にはほんの短期間輝く核燃料をもっているだけの褐色矮星がたくさんいるし，本物の星になることのできないほど小さいプラネターもいる．さらに，それだけではまだたりないというように，他にも2ヵ所の星が生まれる場所まである．1つ（BN–KL領域）はトラペジウムの北西に位置し，物質の放出源となっているようだ．あとの1つ（オリオンS）は，星雲前面から南西方向にかけてのガスと塵の雲や星の内部にあって高速のガスビームをオリオン星雲の中に送りこんでいて，その衝撃波はすばらしく壮観だ．私たちはこの瞬間に立ちあえて実に幸運だった．過去にさかのぼれば，星雲はこれほど美しくなかっただろうし，この美しさは永遠に続くものではないのだから．

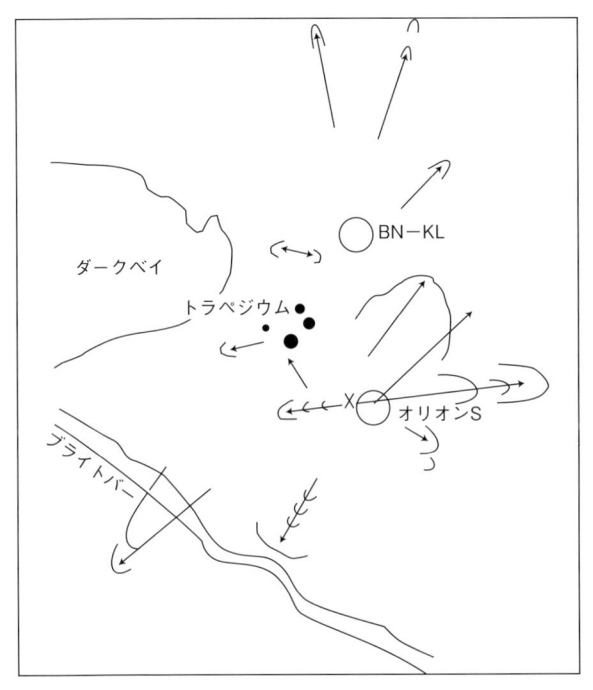

図 12.5 この図は、図 12.1, 12.3 とほぼ同じ位置をスケッチしたものだ。矢印は、ハッブルの写真上で、物質が移動して見える方向を示している。BN-KL 領域から物質が流れ出していることがあきらかにわかる。オリオン S 領域からの流出も明らかだ。図中の×が、その流出の発信点だ。現時点では、いかなる波長で観測してもこの発源源が何かは同定できない。さらに、どのようにしてこの複数の衝撃波が起こるのかもわかっていない。図の上部に、プロプリッドからバイポラージェットが出ているのがはっきりとわかる。

図12.6　ハッブルの広視野惑星カメラ2を使って，コンポジット撮影で複数の像を重ね，最高の分解能を得ることができた．上（北）の4個の星はトラペジウム，中央部（南西）はオリオンS領域だ．トラペジウムの一番明るい星周辺にプロプリッドが集まり，オリオンS内部に埋まっている非常に若い星からの放出流のせいで衝撃波が連なっているのがわかる．左下（南東）にはすばらしいプロプリッドが写っている．北寄りの暗いプロプリッドは，オリオン星雲前面のヴェールの中にあり，南側の明るいものはトラペジウムの高温の星によって輝いている．（著者 and NASA/ESA）

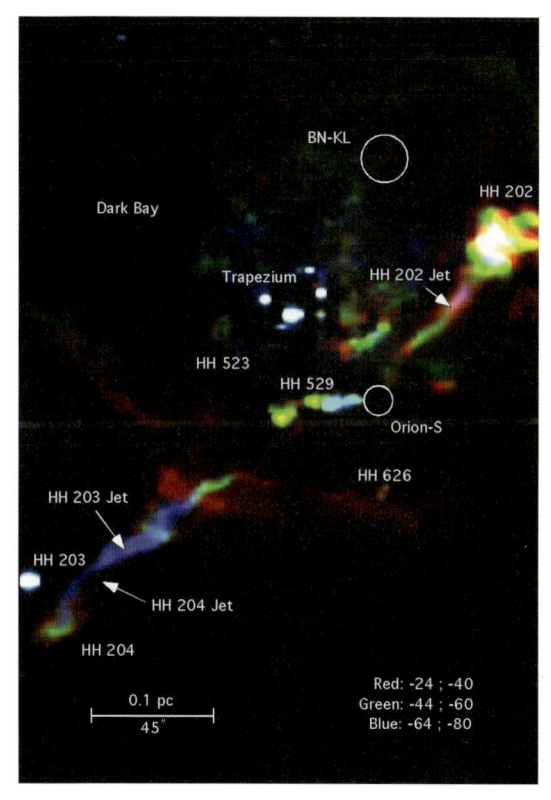

第12章　オリオン星雲の中で何が起こっているか？

図12.7　この図はオリオン星雲の速度図である．オリオン星雲中心部付近の運動している物体の視線方向の速度によって色を変えて表示しているので，通常の写真とかなり違ったオリオン星雲の様子を示している．赤い色はオリオン星雲よりも少し速い速度（毎時24〜40 km），緑色は中速（毎時44〜60 km），そして青色は高速（毎時64〜80 km）で私たちに近づいてくるガスを示している．このような運動をするガスは生まれたての星から放出されたジェットであり，そういった発光物体のカタログを作った2人の作成者の名前にちなんで，ハービックハロー（HH）天体と呼ばれている．トラペジウムの南側に大きなジェットが2つあるのがわかる．HH 202とHH 203/204だ．この2つのジェットは，オリオンSと呼ばれる領域から発生しているように見えるが，実際にこれらのジェットを作りだしている星は，オリオン星雲背後の分子雲に隠されて見えていない．（土井隆雄の博士論文より抜粋）

第13章

地球外生命は存在するか？

　宇宙とは一体どんなもので，どんなふうになっているかがわかってくるにつれて，神秘主義が入りこむ余地はなくなった．現代人は皆既日食に畏怖の念をもつことはあっても，それが何かの予兆であるなどという考えは一笑に付してしまうだろう．ペストのような伝染病や現代のエイズの世界的流行は，自然現象の一部として理解され天罰だなどとは思いもしない．地球上のいたるところで人々は知識をもち，それまで縛られてきた迷信から自らを解き放った．だが，宇宙を理解すればするほど，ある1つの分野に関しては空想が深まっていったのだ．どこかに生命が存在しているかもしれないという空想が．

　惑星が地球軌道上の光の点でしかなかった頃は，地球外生命という概念などは生まれもしなかった．だが1543年に出版されたコペルニクスの太陽中心説が受け入れられるとともに，惑星は地球のような天体かもしれないという考えが生まれた．惑星が地球の太陽のまわりを回っているのならば，他の星のまわりを回っていてもおかしくないではないか？そしてそこには生命も存在するのではないか？ドミニコ会の修道士ジョルダーノ・ブルーノが1600年に火刑に処せられたのは，主として魔術的な宗教伝統を支持したからではあったが，彼の異端説の1つは，生命は無限の宇宙に普遍のものであり他の惑星上にも存在するというものだった．キリスト教の教義をはばからずにこの意見を押し広げたために，ブルーノは恐ろしい代価を払うこととなってしまった．もしジョ

ルダーノ・ブルーノが1世紀早く生まれていたら,あのような悲惨な結果をもたらすことなく,他の惑星上の生命について自由に空想できただろう.だがブルーノが生きた16世紀の末には,他の星のまわりを惑星が回っていることもそこに生命が存在するかもしれないということも,証明のしようがなかった.彼にできたのは,太陽系外惑星が存在してもおかしくないと推測することだけだった.

惑星の存在に関しては,18世紀の終わりにピエール・シモン・ラプラスの発表した研究がなかなか理にかなったものだった.当時ニュートンの力学の法則は完全に受け入れられていたし,地上や空中で起こる現象にその法則があてはまることが何度も試され,認められていた.さらに,当時としては最高の望遠鏡を使って渦巻き星雲が肉眼で見えるようになっていた(渦巻き星雲が巨大な銀河であることは20世紀初頭までわからなかった).ラプラスは,星が生まれるとき最初は塵とガスの円盤に取り囲まれた段階をへて生まれる,惑星もそういう円盤の中から生まれる,と論じた.このモデルだと渦巻き星雲の構造や,惑星が太陽系の薄い平面上にまとまっている理由も説明できた.ラプラスは渦巻き星雲に関しては間違っていたが,惑星の誕生に関しては2世紀も先をいっていた.現在は星と惑星の誕生に関してずっと洗練されたモデルができているが,ラプラスが見たら彼自身のモデルを改良したものだということがわかるだろう.

原始太陽系円盤ができる過程で,鍵となるのは角運動量と呼ばれるものであることはすでに述べてきた.収縮する物体の線運動量も保存され物体は同じ速度で動き続けるが,角運動量は収縮する物体の回転を速くする.第9章で,星がどのようにして塵とガスの雲から生まれて自らの重力で収縮し,核燃料を燃やしてエネルギーを放出することによって収縮をやめるかについて説明した.そもそもの始まりの塵とガスの雲がいくらかの角運動量を(雲同士が互いにぶつかりあうことによって)もっているので,原始星は初めからある程度の角運動量をもつことになる.その結果,原始星は小さくなるにつれてどんどん回転速度を上げていく.回転する物体は外側に向かう力をもつ.これは,速く回るメリーゴーランドに乗ったことのある人なら誰でも経験しているだろう.この外側に向かう力が原始星の残りもののもつ重力と釣り合うと,その物質は軌

上に残される．回転する原始星の赤道上の物質が一番速く回っているので，その赤道上で力の平衡状態が素早く起こり，物質は厚みの薄い円盤上に残される．こうして残された物質が，原始星のほとんどの角運動量をもつことになる．その動かぬ証拠が太陽系だ．太陽系は原始太陽円盤から生まれた．惑星は太陽系の角運動量のほとんどをもっているが，質量はほんの少ししかもっていない．こういうふうにして生まれたのでなかったならば，星は核燃料を燃やすのに十分なほど収縮しないのだ．円盤の形成は星が生まれるのに必要不可欠なことなのだ．

　図13.1は生まれたばかりの若い星の姿を図式したものだ．星のまわりには物質の円盤がある．そのほとんどは平たい平面上にとどめられるが，いくらかは平面の上や下の方にもある．ここの物質が惑星を作るための原料となる．こういった円盤がなければ，惑星が恒星の軌道上で作られることはありえない．

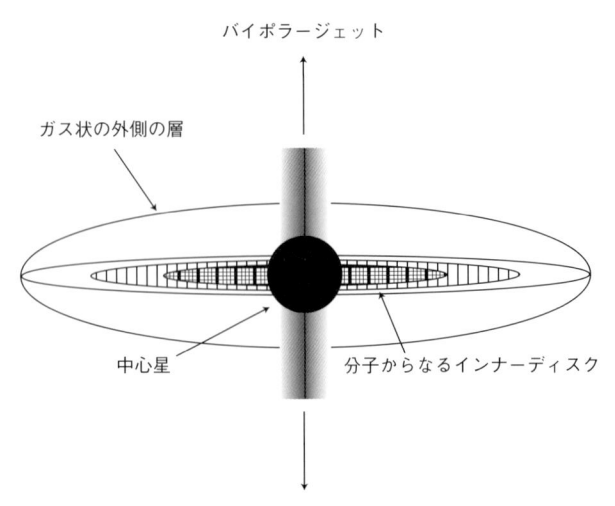

図13.1　この図は，完成間近の原始星の横断面を示している．生まれたばかりの星が，ガスと塵の円盤に取り囲まれている．円盤の内側は密度が高く，温度が低く，原子同士は結合して分子になっている．円盤の外側の原子同士が結合していない部分では，分子は存在しない．円盤全体は，中心部の星の回転軸に沿って回転している．星が収縮する短時間の間，極超音速のガスが星の両方向に発射される．

太陽系は100万歳のときに，ちょうどこのように見えていたはずだ．オリオン星雲内の星たちが，ちょうど今その年齢に達している．

他の星を回る惑星

　他の星を回る惑星について知るには，太陽系の惑星について学ぶのが早道だ．太陽系の惑星は，面白いことに2つのタイプに分類できる．太陽系の内側には4個の同じような大きさで密度も同じ岩石からできている惑星（水星，金星，地球，火星）がある．外側には4個の巨大惑星（木星，土星，天王星，海王星）があって，どれもが星間物質と同じガスからできている．この2つの惑星の分類は，若い太陽を取り囲んでいた原始惑星円盤の内側と外側の非常に異なる状態を反映したものと思われる．

　円盤の内側はずっと熱かった．そうなるとガスは蒸発して，原始惑星の岩の核が円盤の中の星間粒子を引きつけてできていく．円盤の2つの構成要素（ガスと塵）はふるい分けられる．こうして内惑星は小さく岩だらけで，星間物質の中のごく少ない（1パーセントでしかない）物質である塵からできた．

　円盤の外側は相当冷たかった．ゆえにガスは蒸発しなかった．こういう条件下では巨大惑星が生まれる．たとえば木星は主として水素からできていて，地球の318倍の質量をもっている．

　過去20年の間に，太陽系近辺の他の星を回る惑星が500個以上発見されている．そして多くの場合，1つの恒星のまわりを複数の惑星が回っている．これらの惑星はどのようにして発見されたのだろう？　恒星の定期的なドップラーシフトが手がかりとなっている．恒星の位置が，惑星が軌道を回るに従って重力的に乱れるのだ．驚いたことにこういった大きい惑星の多くは，恒星に非常に近い軌道を回っていた．惑星の位置と大きさのおかげで，発見は容易だった．恒星の前面を通過しているところを発見された惑星もある．こういった惑星は，最初は太陽を回る原始惑星系円盤の外側で最初に作られて，次第に内側の軌道まで移動していったのだろうという理論がある．こういう惑星の質量は，流浪惑星，つまりオリオン星雲内で発見されたような，1つの星とつながっていない自由にさまよっている惑星と似通った質量だった．

　惑星を発見するもうひとつの手段は，惑星が恒星の前面を通過する際に，恒

星の光が暗くなるのを観測することだ．このようにして地上の望遠鏡を使って発見された惑星もいくつかある．2009 年に打ち上げられた NASA のケプラー探査機は，この明るさの変動を使って数百個の系外惑星候補を観測している．さらにハッブル宇宙望遠鏡とケック望遠鏡を使って，恒星の光を反射して輝く惑星を直接撮影した場合もある．

オリオンの中での惑星形成

　オリオンは遠すぎて，そしてその中で太陽と似た大きさの星は暗すぎて，巨大惑星が恒星のまわりを回っているのを発見するための速度分析はできない．惑星が恒星の前面を通過するときの明るさのわずかな変動を観測して惑星を発見する方法も使えない．オリオン星雲の星たちはまだ若いので，明るさが一定していないせいだ．だが，惑星が生まれるための建築資材があるかどうかはわかる．ここで建築資材といっているのは，惑星が生まれる可能性のある星のまわりの密度の高い円盤のことだ．第 11 章で述べたように，ハッブル望遠鏡が写したオリオン星雲の写真から，プロプリッドという全く新しい物体が発見された．プロプリッドは，円盤に囲まれたかなり普通の若い星だ．違っているのは，プロプリッドがシータ 1C とオリオン星雲に近接していることだ．おかげで発見が可能となったし，他の領域の若い星とはずいぶん違った研究ができるようになった．プロプリッドが他の若い星と本質的に違っていると考える理由はないがプロプリッドがすべて同じ年齢で，地球からの距離も同じだということが，研究する上での強みになっている．この円盤の内側の密度の高い部分は分子からなっているので，そこは冷たく，巨大惑星さえもできるということがわかった．だが最も内側の部分は，巨大惑星ができないほど温度が高いかどうかは証明できていない．というのは，太陽と木星の距離はハッブルで観測できる角分解能の 5 分の 1 しかないからだ．この問題を解くのは，これからの望遠鏡の課題となるだろう．プロプリッドの研究から，基本的にすべてのオリオン星雲内の星はまわりに円盤が回っている，つまりすべての星が惑星の建設資材をもっているということがわかった．このような豊かな星域は，ほとんどの星が誕生する典型的な場所と見なされている．そこで起こっていることは，おそらくすべての星に起こっていることだろう．

惑星が生まれる可能性

　太陽系の惑星がどのようにしてできたかに関しては，現在では驚くほどよくわかっている．それは，観測と実際に採集された標本から，すべての惑星の構造や惑星内部の組成がわかってきたことによる．さらに隕石が絶え間なく地球に落ちてくるので，実験室で集中的に分析できる標本も手に入る．一般的に受け入れられている惑星形成のシナリオは次のようなものだ．地球のような内惑星はおそらく10万年以内という短い期間に，水素のような軽い元素がなくなったあとの物質から形成された．反対に木星のような外惑星は，数百万から数千万年かけてまず小さい天体（微小惑星）ができ，それが次第にくっついて巨大惑星に成長するというふうにして，太陽が生まれる以前からの初期の成分を保持したままで生まれた．他の星とそのまわりの円盤がこれと別なパターンをとるという強力な理由もないため，現在では他の星と原始惑星系円盤もこのようにしてできたと考えられている．

　さて，オリオン星雲内のプロプリッドに非常に劇的なことが起こっていて，どれくらいの星が本当に惑星系をもつか，その惑星はどのようなものかがわかりつつある．第8章で話したように，オリオン星雲は実際には，背景の分子雲の表面にある，薄い層の蛍光性のガスだ．光り輝くガスは近くの分子雲よりはるかに圧力が高いので，そこは星雲から離れて広がっていく．同じことが明るい縁のあるプロプリッドに起こっている．というのはその表面もまた暖められて高圧の状況となっているからだ．私は，ケック天文台とハッブルの分光器を使ってどれくらいの速さでこの物質がプロプリッドから蒸発するかを直接調べてみた．両方の計測結果が合っていたので，ハッブルでもっと正確な数値を出してみたところ，毎年太陽質量の100万分の1の物質，という結果がでた．プロプリッドの円盤が近くの若い星と同じようだとすると，太陽の10分の1の質量をもっていることになる．この2つの数字を一緒にすると，円盤は10万年で完全に蒸発してしまうことになる．

　この円盤が生きのびる時間は，謎だった．オリオン星雲内の星の平均年齢は50万年だ．一方，円盤が10万年しか生き延びないというのに，消えてしまったという証拠はない．プロプリッドの円盤は，星雲の一生の5分の1の時間で

消滅してしまうはずなのに，85パーセントの星は円盤をもっている．この謎の答えは，おそらく星雲とプロプリッドを蛍光させる星が他の星より若いことにあるのだろう．シータ1Cのような高温で明るい星の形成は，まわりのガスをすべて暖め，それ以上の星が生まれるのをさまたげてしまうのだ．

言い換えると，シータ1Cの近くのプロプリッドは，その円盤が消滅してしまうまでに惑星を作る時間が限られているのだ．太陽系が惑星形成のモデルとして本当に適切であるならば，この短い時間では質量の低い惑星だけが生まれることになる．巨大惑星が生まれる前に，建設資材は破壊されてしまっているだろう．

そうだとすると，オリオン星雲内の星は巨大惑星を生み出すことはないのだろうか？　そんなことはない．プロプリッドは，図13.2のように，明暗法によって見えるということを思い出してほしい．あるものは明るい縁をもっているし，いくつかは明るい縁に中心部が暗い部分をもつ．他には全体が暗くて背景の星雲が光っているせいで見えるものもある．このシルエット・プロプリッドは前面にあるヴェールの中かこちら側にあるからシルエットになって見えるのだ．ヴェールの中にある中性物質が，シータ1Cからの高エネルギー光子がプロプリッドに注ぐのを防いでいる．こうして，シータ1Cからの大量の放射で熱せられることなく，物質はゆっくりと蒸発できるのだ．約10パーセントのプロプリッドはこのように守られているので，地球型と巨大惑星の両方を生む可能性がある．この数字を一般的に考えるなら，地球型惑星は実際のところたくさんあって，巨大惑星は稀だということになる．地球のような惑星はオリオンの中に存在するだろう．だが，だからといって，そこに生命が生まれているというわけではない．生命がないことはほとんど確かといっていいだろう．なにしろ，オリオンの星たちはまだ生まれたばかりなのだ．

知的生命体はいるだろうか？

本章のはじめで，知識が深まることによって荒唐無稽な空想は消えてしまう傾向があることをお話した．ただ，ある1つの分野だけは違っていた．太陽系の外にも惑星がたくさんありそうだといううれしい新発見は，宇宙に他の生命体がいるかもしれないという空想を一段と駆り立てることになったのだった．

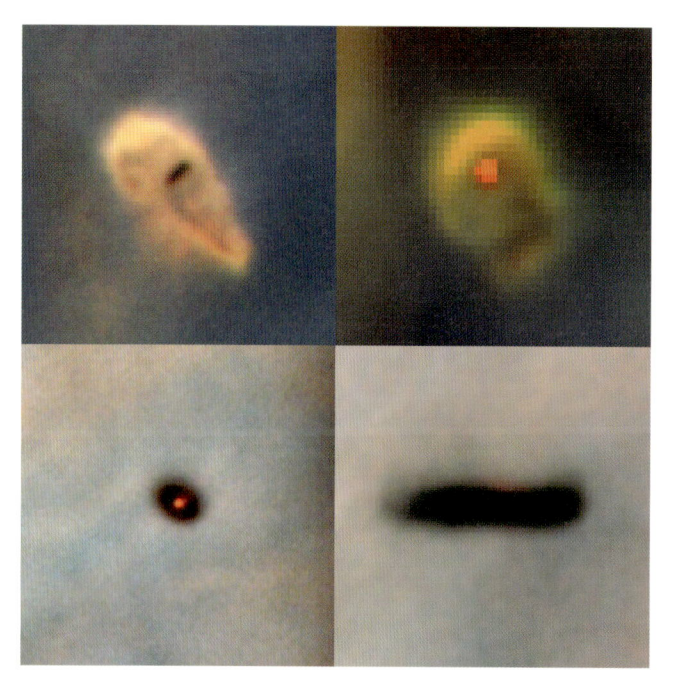

図 13.2　ハッブルが写したこのモザイク写真は，オリオン星雲内にあるさまざまなプロプリッドの姿を示している．下の 2 つは，太陽系に近い側にあり，明るい星雲を背景にしてシルエットになっている．星雲の光は，原始太陽系円盤内部の塵のせいで暗くなっている．右下の写真は，ほとんど真横から見たもので，左下は傾いた角度から見た姿だ．上の 2 枚の写真は，どちらもシータ 1C に近いプロプリッドで，シータ 1C からの放射が，原始太陽系円盤の外側のガスを蛍光発光させている．左上のプロプリッドの円盤は，ほとんど真横から見えているので，中心星が存在するという直接の証拠は見あたらないが，右上のプロプリッドは，ずいぶん傾斜した角度で見えているので，中心星が明らかにわかる．（著者 and NASA/ESA）

地球上の生命は，その歴史のごく初期に生まれた．地球の表面が固まって，水が地上を覆うようになるとすぐに生まれ始めた．生命が生まれてからおおかたの時間は，ごく原始的な形態をとっていた．そしてひとたび自己増殖できる複雑な細胞が形成されると，進化の過程はスピードを増した．その段階で，環境に影響を与える生物（人類とその後継者）が生まれることは明らかだった．た

とえ最初の生命体が生まれるのが数十億年遅かったとしても，多細胞生物に分かれる時代がくるのが遅かったとしても，その後に起こったことは同じだっただろう．これは，知覚力のある20本の指をもつ二足歩行種族に進化するのが必然だという意味ではない．単に，選択的進化は十分な時間さえ与えられれば，常に同じ方向に進むものだということだ．

　この進化の過程は，非常に限られた状態でのみ起こる．大量の原子と分子が一緒になって，複雑な分子ができるくらいの温度と密度がそろわなくてはならないし，その状況が自己増殖を始められるほど十分長く続かなくてはならない．たとえば巨大な分子雲はその中の塊の表面で複雑な分子を作るが，この分子雲は寿命が短く，複雑な分子がそれ以上に進化する前にその特別な状況は破壊されてしまう．これは温度が低すぎるためだ．温度の低い巨大星の場合だと，その大気はほとんどの重い元素を集めて分子にすることができるが，大きい分子を作るには温度が高すぎる．生命に最適な状態は，惑星の上にあるのだ．

　ほとんどの惑星の軌道は安定している．ということは，惑星がそのまわりを回る主星が主系列にいる間は，惑星の平均温度はほとんど同じだということになる．すると大気をもっている惑星が太陽に近づきすぎて加熱され，その大気をすべて失ってしまうということもなくなる．そして十分大きい惑星なら，大気をとどめておくに十分な重力圏をもつ．ここまでくると，生命を有する可能性のある惑星を見つけるのは，天文学者の手のうちにあるというわけだ．

　50年ほど前，天文学者フランク・ドレイクは自らの名を冠した方程式を作った．ドレイク方程式は，天の川銀河のどこかで地球人とコンタクトをとることのできる生命がいる可能性を表すもので，数字を掛けていくだけの非常に単純な方程式だ．その数字は，生命に適切な星の生まれる可能性に始まり，次第に限定されていって，そういった星を回る生命をもつことのできる惑星の上で他の生命体にコンタクトしようとするような文明が生まれる割合，そういった文明がコンタクトをとろうとする時間の長さで終わっている．この方程式の解き方は，各因子を独立した数量化できる乗数にしていくことだ．

　これは，アメリカ国内のどこかの1エーカー（ac）の土地の中に，ある時間帯に赤毛の女性が何人いるかを計算するようなものだ．単純に計算するには，

いろいろな要素を掛けていくことになる．まず，その時間帯にアメリカ国内に何人の人がいるか？次に，そのうちどれくらいが女性であるか？すべての女性の中で赤毛の人の確率は？次は合衆国内には何エーカーの土地があるか？まあこんな具合だ．もちろん実際はそれほど単純ではない．たとえば秋の日曜日の午後，プロのフットボールスタジアムの中の1エーカーの土地，という選択をすると，そこにいる人の数は平均よりずっと多くなる．だが女性の数は平均よりずっと少ないだろう．それにもちろん赤毛が流行っているか，などということまで考えなくてはならない．要するに私が言いたいのは，ドレイク方程式はそのすべての要素をよほど正確に割り出さない限り，とてつもなく不正確な答えが出てくるということだ．

ドレイク方程式の最初の数項目に正しい数値をいれるのに，天文学の研究が役立ってきている．方程式が最初にできてから，いくつかの項目は再検討され，他の項目にも数字をいれられるようになってきた．この銀河系にある星の数はだんだん正確になってきて，今では2000億個と言われている．惑星の建築資材となる星のまわりの円盤が存在する割合は，ほとんど1だ．そこから堅い核のある惑星ができる割合は，現在の研究課題だ．オリオン星雲では，星のまわりの円盤は，シータ1Cからの熱で破壊される可能性があることがわかった．だが，円盤が破壊されるのにかかる時間と，地球型惑星が素早く形成されるだろうという理論予想が正しければ，原始惑星円盤をもつ非常に多くの星が地球型惑星を形成すると考えられる．

さて次に，この地球型惑星のうちどれくらいが生命の存在可能な範囲内にあるのかを決定するのは，なかなか面白い．星のまわりを回る惑星軌道上で，生命が存在できる温度を有する範囲ということだ．もちろんゼロよりは大きい，というのは，地球型惑星は円盤の中でも温度の高い部分で形成されるからだ．生命が存在できる範囲をはっきりさせるのに，太陽系を見てみよう．生命が存在できる範囲という解釈の1つに，液体の水が存在できるかどうかというのがある．氷の中だと，分子は偏在していないし静止している．ガス状の水（蒸気）の中だと，複雑な分子は素早く壊されてしまう．地球に大気がなかったら，平均気温は水が凍るくらいの温度で，液体の水は赤道近くにだけ存在することになる．だが地球には大気がある．おかげで温室効果が起こり平均気温は

高くなっている．金星は地球より太陽に近いのだから，いくらか暖かいはずだ．ところが大気のほとんどが二酸化炭素であるため温室効果の暴走が起こり，そのため金星の表面温度は鉛を溶かすほど熱い．水星は太陽にあまりにも近いため液体の水はやはり存在できない．火星は今はごく薄い大気があるだけなので，惑星を暖めるほどになっていない．ただ以前は火星の大気は今より厚く，かつては地表に液体の水があったという証拠がみつかっている（いつか，火星に存在した生命の化石がみつかるかもしれない）．私たちの太陽系を指針とすると，たった1つの惑星だけが生命の存在できる範囲にある．だが状況が少しだけ違ってくれば，4個の地球型惑星のうち3個が居住範囲になっていたかもしれない．

　ドレイク方程式が最初に作られたときに比べると，今でははるかに多くのことがわかってきている．だが，天文学者が解ける範囲（式の最初の部分）もまだ十分わかっているとはいえない．生命の発生と進化を研究する生物学者は，式の中ほどの項目を解くために頑張っている．多くの科学者が，この方程式の奥深さを賞賛しているのだ．しかし哲学者と社会学者が，方程式の最後の項目を解くことは決してないだろう．それは文明という概念であり，文明がこれから進む道，いまだかつて経験したことのない誰にも答えられないことだからだ．だからといって，宇宙に他の生命が存在するかという質問への答えを捜すのをあきらめるべきだというわけではない．それは根源的なことであり，重要なことであるからだ．我慢強く熱心に答えを求めなくてはならないだろう．どうしても答えろというならば，私自身は生命を有する惑星が存在している方に賭ける．だが，その賭け金を手にするまで私が生きていることはないだろう．

第 14 章

気まぐれな科学の女神をだしぬく

　本書は，オリオン星雲に関して現在わかっていることの，ほんの表面をかすめたにすぎない．この星雲のことを理解してもらうために，天体を研究しその結果から答えを導くのに天文学者が使うやり方も説明してきた．オリオン星雲を理解したとき，さらに広大な宇宙そのものを理解するのにどのように役立つだろう？　本書の主題は天文学ではあるけれど，地質学でも生物学でも，他の科学と呼ぶに値するどのような研究分野でも，科学的なアプローチは基本的には同じだ．女神セイレーン[*21]の別の呼び声を聞くことはあっても，私をはじめとする科学研究に生涯を費やしてきた者たちは，いつだってなんとかして気まぐれな科学の女神をだしぬこうとしてきたのだった．

　科学のやり方を理解するには，まず情報と知識の違いをわかっておく必要がある．一言でいうと，情報は事実であり，知識はその事実が何を意味するかを理解することである．私たちは事実が氾濫している時代にいる．テレビとコンピュータはほとんどの家にある．テレビはおおかた娯楽と商品の宣伝に使われるだけだが，コンピュータはワールド・ワイド・ウェブを通して実際の情報をもたらしてくれる．コンピュータを通して得た情報は，当然のことにその情報

[*21] ギリシャ神話にでてくる上半身が人間の女性，下半身が鳥の姿をした怪獣．美しい歌声で船乗りの心を魅了し，船を沈没させたと言われる．

を載せた人が載せたい情報だけを選んでいるわけだから，情報を流すのが簡単なぶん，間違った情報が広がりやすい．いわゆる都市伝説と呼ばれるものは，常に存在しているのだ．それはほとんどの社会で，伝説となるまでの間にいろいろに変化しただけにすぎないと私は考えている．だが，今のような技術のなかった時代の人たちは，そういった伝説をその社会の必要に応じてゆっくりと進化させてきたのに，現代では情報を素早く分け合うことができるため，その伝説が浄化される時間がなくなり，あっとう間に広まってしまうようになっただけだ．

科学がよりどころとする情報は，一方方向に増加していく．すなわち，常に増加していく．以前からあった事実というのは，常に存在し続ける．それは別の解釈がなされたり，ときには無意味だと見なされるようになるかもしれない．それでも，その情報は常にそこにある．もちろんその情報が間違いだと証明されれば消え失せる．そして新しい情報が常に生まれてくる．天体望遠鏡やDNA配列を決定する装置の開発は，それまで考えられもしなかったような情報をもたらした．新しい情報は非常に有用で，それまであった情報より優れたものに見えるだろう．だがそれでも，古い情報は常にそこに存在する．

一方，知識は常に増加するわけではない．ときには物事を間違って理解している場合がある．だがそれが間違いだったと認めるのは，最初にその知識を受け入れたときよりずっと難しい．まずいくつかの事実が次第に明らかになってくる．その事実はそれぞれが独立のものである場合もあるが，関連性がある．ある時点で，その関連性を理解しようという試みがなされる．理解するためには，法則に従って「物事は常にある規則に従うものだ」という場合と，理論に従って「物事はある科学的効果のせいで，こういうふうに起こったのだ」などと公式化される．この2つの方法をまとめて，モデルとかパラダイムというものを作り上げる．新しいモデルは，それまであった事実に基づいた情報をすべて説明できなくては受け入れられない．もし信用できる関連性のある事実が1つでもそれに合わなかったら，その新しいモデルは間違っているということだ．

太陽系のモデル

　太陽系のモデルの歴史的側面を見てみよう．太陽，月，惑星の動きは，2000年にわたって天球図に描かれ続け，やがてプトレマイオスが地球中心モデルを作り上げた．地球中心モデルは非常に成功したといえる．それは，天体の目に見える動きのすべてを説明できたからだ．次の1000年で，もっと詳しい長期にわたる天体の動きが研究され，いろいろなことがわかってくると，この新しい事実が最初のモデルにあわないことがわかってきた．だがそれは最初のモデルに少し手を加えて，周転円の上にさらに周転円を加えたり，いくつかの天体の中心点を変えることでなんとか説明できた．この修正は必要なことと見なされたし，もともとのモデルのよさを損なうものではなかった．だがこの大量の修正に，天文学者たちは疑問をもち始めた．

　コペルニクスの太陽中心モデルは，その単純さゆえ魅力的だった．このモデルに対する反対意見は事実に基づいたものではなく，教会の教義のせいだった．公の反対意見は，神が太陽にそこにあれと命じたのだ，という旧約聖書の解釈を巡っていた．だが他にも，現実的な反対意見もあった．コペルニクスのモデルが予想する天体の動きはプトレマイオスのモデル以上に，観測事実からかけ離れていたのだ．なんのために古いモデルをあきらめて新しいモデルを採用する必要があるのか，ということになる．コペルニクスのモデルが間違っていたのは，円軌道だったことだ．そこでヨハンネス・ケプラーが，楕円軌道にすればモデルは正確だと発表した．正しい情報がここにあった．だがその情報はまだ受け入れられなかった．やがてコペルニクス−ケプラーのモデルをもとにニュートンが重力の法則をもって現れ，なぜ楕円軌道が存在しうるか証明し，さらにそれをもとに星の構造と動きを説明した．こうしてコペルニクス−ケプラー−ニュートンの太陽系モデルは，絶対に正しいモデルだと証明された．それも19世紀の終わりまでのことだった．水星の軌道が，モデルが予想するものよりわずかにずれていたのだ．水星の軌道を揺るがすまだ発見されていない内惑星などを考えたが，うまくいかなかった．その後一般相対性理論が現れて初めて，この特殊な動きが理解できるようになったのだ．モデルは正しかった．だがニュートンの力学の法則は，天体の動きを説明する最終の法則で

はなかったのだ．

オリオン星雲のモデル

　オリオン星雲研究の歴史を見ると，科学がどのようになされるかがよく理解できる．最初の頃は，オリオン星雲は夜空に描かれた天体にすぎなかった．オリオン星雲のモデルを作ることは，そもそも急を要することではなかった．星雲内にいくつもの，それも明るい星があることは確かだったが，何が星雲を生み出しているかはわからなかった．星と星雲との間にはっきりとしたコントラストがあったために星雲の部分は雲だろうというのが，まあ無難な意見だった．他には，暗い星があまりにたくさんあるために混じりあって見えているという意見もあった．19世紀の中頃になって，分光器が新しく開発されて初めて，星雲からの光が地球上のガスと同じようなスペクトルの輝線をだしていることがわかり，星雲はガス状であると証明された．

　写真術の発達で他の暗い星雲を写すことが可能になり，明るい星雲は分光観測ができるようになった．こうしてガス状の星雲は渦巻き星雲（後に渦巻き銀河だということが発見された）と比べるとあちこちにあって，みんな同じような特徴があることがわかった．これはつまりオリオン星雲は，銀河系にあるたくさんの似たような天体の1つでしかないということになる．エドウィン・ハッブルの研究から，星雲と関係している星のタイプによって，輝線星雲か反射星雲かが決まることが明らかにされた．ハッブルの研究は観測した事実をそのまま解釈しただけのものだったが，この分類に刺激を受けてストレームグレンは，物理の観点から星雲を説明しようとした．彼の研究結果はガス星雲のモデルとして，理解しやすく一般化されたものだった．ガス星雲は星間ガスと塵の雲で，近くに高温の星があると水素ガスが電離し，ガスは星からの強い紫外放射を蛍光発光させて，可視光の輝線へと変化するのだった．

　ストレームグレンのモデルは，ストレームグレン球と呼ばれるようになりすばらしい成功を収めた．そのモデルは，一瞬にして夜空の何百もの天体を説明してしまった．それはあまりに完璧だったために，誰もがそのモデルに囚われてしまった．ところが，オリオン星雲の表面の明るさを電波望遠鏡で（塵による減光の影響を受けることなく）量的に観測できるようになると，謎が生まれ

た．ストレームグレン球が予測するように本当に星雲が球体だったら，シータ1Cと呼ばれていた近くにある主星付近で，物質の密度が一番高いことになる．これはストレームグレンモデルの新たな特徴の1つとみなしてもよかったが，そうはいかなかった．物質がそのように密集していると，その周辺よりも圧力が増す．その結果，どんどん広がっていってわずか数万年で消えてしまうことになるのだ．この問題は，輝線のスペクトルを詳細に分析した結果，一段と大きくなった．この分析でわかったガスの密度が，明るさが示したよりずっと高かったのだ．これで事態は一段と悪くなった．時間の問題は無視され，ガスは密度の高い塊になっているという予測で，無理やり納得させてしまったのだ．この塊の大きさと密度は，観測結果にぴったり合うよう調整された．

　この問題を解いたのはこの分野の専門家ではなかった[*22]．球形モデルにこだわっていなかった彼は，星雲内のいろいろなイオンの直線速度の違いを系統的に調べ，私たちが見ているのは三次元の球形の対象性のある雲ではなく，輝くガスの壁であろうと発表したのだ．ひとたび凹板モデルが導入されると，他のすべての事実はそこにぴったりとはまり，いろいろな大きさと密度をもつ塊などもはや必要なくなった．こうしてふたたび密度と明るさが一致したのだ．

　続く20年間で，星雲モデルは洗練されていった．新しい観測結果が出ても，そのモデルが危うくなることはなかった．ここで実に貴重だったのは，ハッブル望遠鏡が写したオリオン星雲のすばらしい写真だ．おかげで星雲の中の星たちは，星雲のくぼみをゆりかごにして生まれてきたのだということが明らかになった．この若い星々からの放射が，衝撃波をまわりにひき起こしていた．その上ハッブルの写真から，ほとんどの星のまわりにガスからなる原始太陽系雲があることが明らかになった．これによって，星の誕生と惑星の形成との間につながりがあることがわかった．ここまでくる間に，理論とモデルがいくつも作られ捨てられてきた．そのすべては科学的事実を探し求めるためだったのだ．

　私は，今もオリオン星雲を研究している．科学はどういうふうになされるべきか，という基本的な信条から離れないよういつも気をつけている．それはも

[*22] アメリカの天文学者 Ben Zuckerman

ちろん，本書で語られている多くの部分が不正確であったという新しい証拠がでてきたら，それを受け入れる必要に迫られるだろう．だがそれでも，私が本書の中で語ったことは，話す価値のあることだったと信じている．

訳者あとがき

 8月末のアンデス山中．南米チリにあるセロ・トロロ汎米天文台の宿舎から，私はボブ（ロバート・オデール先生）と並んで山の上のドームに向かって歩いていた．曇っていた空が急激に晴れ上がってきている．雲間から見える1等星は，見知らぬ星だ．星空を見ても星座の名前がわからない，それどころか，その星がどちらから昇ってどちらに沈んでいくのかさえもわからない．その感じを味わいたくて，南の星座を学ばずに南半球にやってきた．太陽系からずっと遠いところにある星を回る惑星に降り立ったような気分で，名も知らぬ星たちを見上げながら山の上に向かって坂道を登っていく．4m鏡の巨大なドームが目の前に迫ってくる．

 観測中のボブは厳しい．1年も前に提出した観測計画書が競争を勝ち抜いて受け入れられ4m鏡の観測日をもらい，でもその日が絶対に晴れるという保証はなく，それでも地球を半周してやってくるのだ．晴れたら何が何でも観測しなくてはならない．だから押し掛け助手の私は，ちょっとでもミスをしないよう緊張してすごす．ボブとは，そんな風にキットピーク国立天文台（アリゾナ州ツーソン）やセロ・トロロで，幾晩も星を見て過ごしてきた．本来プロしか行けない夢のような場所にただの星好きでしかない私を何度も同行してくれたことに，限りなく感謝している．南北両アメリカ大陸の山中に建てられた巨大な天文台で過ごしたあの日々は，私の人生の中で最も光り輝いている．

 オデール先生は，本文中にも書かれているように純粋な観測天文学者だ．アマチュア天文家としてオリオン星雲に魅せられ，ハッブル宇宙望遠鏡建造の立役者となった．本書ではそんなオデール先生が，星と宇宙が好きな人たちにオリオン星雲の魅力を語りかけている．ハッブル望遠鏡が生まれるまでのいきさつ，そしてなぜあのような反射鏡の形状ミスが起こったかについての「本当の話」は興味津々だ．ハッブルを生み出すために働いてきたのに，ハッブルを使って観測する時間が保証されていなかったボブのために他の天文学者たちが何をしたか，そして手にした観測時間をボブがどう使ったかのくだりは，何度読

んでも心うたれる．それは科学に関しては決して妥協しないオデール先生の，科学を離れた暖かい人間性を実に的確に語っている部分だ．さらに本書で詳しく語られるハッブルが発見したオリオン星雲の真の姿を知ると，ああ，なんとかしてオリオン星雲に行ってみたい！　その不思議な星の世界に身を置いてみたいと心から思う．オリオン星雲まで1500光年．その距離を短く感じるほどオリオン星雲が身近なものとなる．

　本書はC. Robert O'Dell, The Orion Nebula: where stars are born（Belknap Harvard 2003）の翻訳であるが，原書の出版から時間が経っているために，この8年間に新たに発見されたことを著者に追加や書き直しをしてもらい，ハッブル望遠鏡が写した最新の写真も数多く入れたため，原書とはずいぶん違ったものとなった．著者のボブ・オデールは1937年生まれで，現在はテネシー州ナッシュビルに住み，バンダービルト大学で今なお観測と研究を行っている現役の天文学者だ．寿司や刺身が好物で，黒沢明監督の映画で日本文化を学び，日本国内をひとりで旅したこともあるほどの日本好きだ．

　本書の出版を快く引き受けてくださった恒星社厚生閣の片岡一成社長，未熟な訳文に我慢強くつきあってくださった編集の白石佳織氏，表紙や写真用語に関して貴重な助言を頂いた入笠山天体観測所の平澤正規，唐崎秀芳両氏と早稲田大学天文同好会OB諸氏に，この場をお借りして心からの感謝を捧げる．

　セロ・トロロの宿舎周辺に，1匹のキツネがいた．最初に行ったときも数年後に行ったときも，たぶん同じキツネだと思うが，浮世離れした天文学者しかいない天上界にいつも住んでいてパンを投げると近くまでよってきた．あのキツネは今も，あの赤い濃淡の縞模様がどこまでも連なるアンデスの山に暮らしているだろうか？　地球上にあの世界が存在すること，慌ただしい日々の暮らしに追われているこの同じ時間の中にあの世界があって，静かに星たちが瞬いていること，そしてキツネがひっそりと暮らしていること，それを知ることができてよかった．ボブの本を日本に紹介することで，私はいくらかでも彼の恩に報いることができただろうか？

2011年7月

土井ひとみ

索 引

■ア行■

天の川　11
　　──銀河　11
アメリカ国防省　55
アメリカ国立科学財団（NSF）　24, 125
暗黒帯　78, 110
アンドロメダ大星雲（M31）　7
イーストマン，G.　25
イオン　47, 88
イメージ増幅管　40
ウィスコンシン大学　23
ウィルソン，O. C.　98
ウィルソン山天文台　81, 92
ウェン，J.　106
渦巻き銀河　12
宇宙望遠鏡科学研究所
　　（Space Telescope Science Institute）　127
HR図　62
Hα線　87
X15計画　53
M51　15
欧州宇宙機関（ESA）　52
オスターブロック，D. E.　98
オバース，H.　123
オリオンS　155
オリオン座シータ　5
オリオン星雲　2
オリオン分子雲　102

■カ行■

回折　97
　　──限界　42
カイパー，G. P.　92
カイパー空中天文台　50

外惑星　167
角運動量　12, 114
可視光　14
　　──（光学）の窓　48
渦状腕　20
ガス　45
褐色矮星　115
カニ星雲（M1）　7
カプタインの宇宙モデル　33
狩人オリオン　1
ガリレイ，G.　3
カロタイプ　25
輝線　38
　　──星雲　81
軌道　87
　　──上天文台（OAO）　51
キャロライン　17
吸収線　26, 38
球状星団　67
巨大惑星　168
銀河系　11
禁制線　90
屈折鏡　34
蛍光現象　86
蛍光発光　86
ケック望遠鏡　34
ケプラー，J.　15
ケプラー探査機　166
原子　86
原始星　112
原始太陽雲　142
原始太陽系円盤　142
原始惑星系円盤　95
光学望遠鏡　34
光子　87

181

広視野惑星カメラ 134
光電効果 39
光電子増倍管 39
国際紫外線探査衛星（IUE） 52
国立航空宇宙局（NASA） 51
ゴダード，R. H. 123
ゴダード宇宙飛行センター 124
コペルニクス，N. 15
コロジオン湿板 25

■サ行■

再結合 89
シータ1C 106
シートン，M. J. 98
ジェミニ計画 53
ジェミニ11号 53
紫外線 37
シカゴ大学 23
視差 103
写真 22
　──乳剤 29, 49
ジャンスキー，K. 42
シュヴァルツシルト，M. 120
重水素 115
周転円 99
重力 58
主系列 63
　──星 67
シュトゥリンガー，E. 126
シュトルーベ，O. 91
衝撃波 111, 146
初期公開観測プログラム 139
初期質量関数 116
ジョンズ・ホプキンス大学 127
シルエット・プロプリッド 142
彗星 7
水素 61
ストラトスコープI（成層圏望遠鏡） 120
ストレームグレン，B. 92
ストレームグレン球 93

すばる望遠鏡 157
スピッツァー，L. Jr. 45, 121
スプートニク 2, 51
スペースシャトルでの修理ミッション 127, 130
スペキュラム合金 7
スペクトル 36
星間ガス 20, 110
星間塵 20, 110
星間物質 45
青方偏移 102
赤外線 37
　──天文衛星 53
　──天文学 53
赤方偏移 147
絶対温度 57
絶対光度 17
相反則不規 30
SOFIA 50

■タ行■

大気圏 51
太陽系 14
対流圏 50
楕円軌道 57
楕円銀河 14
ダゲール，L. 25
ダゲレオタイプ銀板写真 25
タルボット，W. H. F. 25
地球型惑星 167
地球大気 9, 46
地球の太陽 14
チャンドラセカール，S. 44
中性子星 64
超大型干渉電波望遠鏡群（VLA） 43
超新星 66
塵 45
ツビッキー，F. 43
電荷結合素子（CCD） 40
電子 86

電波の窓　48
電波望遠鏡　20
天文単位　19
電離前線　102
土井隆雄　154
ドップラー，C.　98
ドップラーシフト　101, 165
トラペジウム　8
ドレイク，F.　170
ドレイク方程式　170
ドレイパー，H.　9

■ナ行■

内惑星　167
ニエプス，N.　25
ニュートン，A.　15
ネブリウム　90

■ハ行■

ハーシェル，W.　7, 17
パーソンズ，W.　7
バーナード．E. E.　80
バーナム．S.　95
ハーバード大学天文台
　　（Harvard College Observatory）　6, 9
ハービックハロー（HH）天体　161
バイポラージェット　146
パインブラフ天文台　23
白色矮星　44
波長　37
ハッブル．E. P.　19, 81
ハッブル宇宙望遠鏡　3, 118
ハッブル定数　28
ハレー，E.　7
パロマー天文台　92
パロマー5m望遠鏡　34, 96
反射鏡　34
反射星雲　81
万有引力の法則　58
BN-KL領域　154

光電離（光イオン化）　88
ファーランド，G. J.　106
V2ロケット　51
フーコー，J. B.　130
フーコーテスト　131
フォン・ブラウン，W.　51
プトレマイオス　15
ブラーエ，T.　15
ブラックホール　64, 66
プラネター　115
プランク，M.　37
プランクの法則　111
フリードマン，H.　126
ブリスター　102
プリンストン大学　121
ブルーノ，G.　162
プロジェクト・サイエンティスト　124
プロプリッド　133, 142
分解能　42, 100
分光　36
分光器　38
分光写真　26
分子雲　102
ヘール，G. E.　92
ヘナイズ，K. D.　53
ヘリウム　61
ヘルツシュプルング，E.　27
ヘルツシュプルング・ラッセル図　27, 62
ヘンリー・ドレイパー・カタログ　27
ホイヘンス，C.　6
ボーエン，I. S.　90
ボンド，G.　9

■マ行■

マーシャル宇宙飛行センター　124
マウナケア　34, 120
マクドナルド天文台　92
マゼラン星雲　14
ムーンチ，G.　98
メイヤー，P.　126

メシエ，C.　7
メンツェル，D.　91

■ヤ行■

ヤーキス天文台　23, 96
U2　122

■ラ行■

ライス大学　127
ラッセル，H. N.　27
ラプラス，P. -S.　163

リック天文台　1
リッチー・クレチアン式　131
流体的平衡　59
量子効率　29
レーバー，G.　42
ローマン，N.　124

■ワ行■

惑星　15
——状星雲　1

☆著者・監修者・訳者紹介

C・ロバート・オデール（C. Robert O'Dell）

1937年アメリカイリノイ州生まれ．子供の頃からオリオン星雲に魅せられ，天文学者になった後も，オリオン星雲研究のために大きな望遠鏡を作り続け，ついにはハッブル宇宙望遠鏡のプロジェクト・サイエンティストとして，宇宙に浮かぶ望遠鏡を完成させた．

土井隆雄（どい たかお）

1954年東京生まれ．日本人宇宙飛行士第一期生として，1997年日本人初の宇宙遊泳を行い，太陽観測衛星スパルタンを捕まえる．2008年には日本の宇宙ステーション「きぼう」の建造ミッション第1便に参加．工学博士．天文学者．現在は，国連宇宙部宇宙応用課チーフ．

土井ひとみ（どい ひとみ）

1955年新潟県十日町市生まれ．早稲田大学仏文科卒．鄭曼青式太極拳師範．星と自然とネコを題材にした随筆を多く発表している．

オリオン星雲
―星が生まれるところ

2011年9月30日　初版1刷発行

C・ロバート・オデール 著
土井ひとみ 訳　　土井隆雄 監修

発行者　片　岡　一　成
製本・印刷　株式会社　シ　ナ　ノ

発行所／株式会社　恒星社厚生閣
〒160-0008　東京都新宿区三栄町8
TEL：03(3359)7371/FAX：03(3359)7375
http://www.kouseisha.com/

（定価はカバーに表示）

ISBN978-4-7699-1261-3　C1044

JCOPY <（社）出版者著作権管理機構　委託出版物>

本書の無断複写は著作権法上での例外を除き禁じられています．複写される場合は，そのつど事前に，（社）出版者著作権管理機構（電話 03-3513-6969，FAX 03-3513-6979，e-mail: info@jcopy.or.jp）の許諾を得てください．

好 評 発 売 中

天文宇宙検定公式テキスト
3級　星空博士

天文宇宙検定委員会　編
B5判/130頁/1,575円（本体1,500円）

小学校高学年から大人まで，宇宙に詳しくなりたい方の入門書としてお薦め．見開きで1テーマずつしっかり身に付く構成．総数200点の写真・イラストをオールカラーで掲載．教養としての天文学を身に付けるには十分な情報がわかりやすく解説されている．

天文宇宙検定公式テキスト
2級　銀河博士

天文宇宙検定委員会　編
B5判/134頁/1,575円（本体1,500円）

進歩著しい宇宙探査や宇宙開発の未来，暦や天文学の歴史など，楽しみながら幅広い知識が身に付く一冊．200点を超えるカラー画像付き．高校地学で学ぶ天文学をおさらいしつつ最新の宇宙像に迫る．各章末には天文宇宙検定の想定問題と解答解説付き．

天文マニア養成マニュアル
－未来の天文学者へ送る先生からのエール

福江　純　編
B5判/160頁/定価2,520円（本体2,400円）

高校までに学ぶ天文学のエッセンスをギュッと1冊に濃縮．最新研究成果や天体に関する素朴な疑問への回答などを判りやすく解説．天文学トリビアの紹介や天文好きを生かすための進路アドバイスなど多彩なコラムをちりばめ，天文好き学生のために現役教師と天文学者総勢24名が共同執筆．

アインシュタインシリーズ
活きている銀河たち
銀河天文学入門

富田晃彦　著
A5判/184頁/定価3,465円（本体3,300円）

星の集合体としてみた銀河を中心に，銀河の誕生，構造，そこでの星形成の歴史，進化まで，天文学の見方・考え方から詳述する．著者が長年教鞭をとっている中で，思考錯誤のすえ授業で用いるようになった，手書きの概念図を多く掲載し丁寧に解説する．銀河のすべてがこの1冊に凝縮．

恒星社厚生閣